梦想从

这里起飞

首都科学讲堂

名家讲科普 6

主　编　周立军

副主编　尹传红　柴俪杰

□生态□基因□气候

科学普及出版社

·北　京·

图书在版编目（CIP）数据

名家讲科普⑥/周立军主编.—北京：科学普及出版社，2011.5

（首都科学讲堂）

ISBN 978-7-110-07497-8

Ⅰ.①名… Ⅱ.①周… Ⅲ.①科学技术-普及读物 Ⅳ.①N49

中国版本图书馆 CIP 数据核字（2011）第 076593 号

科学普及出版社出版

北京市海淀区中关村南大街 16 号 邮政编码：100081

电话：010-62173865 传真：010-62179148

http：//www.kjpbooks.com.cn

科学普及出版社发行部发行

北京凯鑫彩色印刷有限公司印刷

*

开本：787 毫米×960 毫米 1/16 印张：12.25 字数：250 千字

2011 年 5 月第 1 版 2011 年 5 月第 1 次印刷

印数：1—5000 册 定价：36.00 元

ISBN 978-7-110-07497-8/N·143

编纂人员

顾　　问：王绶琯　欧阳自远

撰 稿 人：沈国舫　魏复盛　钱　易　马克平
童坦君　黄大昉　于　军　欧阳自远
丁一汇　李泽椿

编委会主任：夏　强

副 主 任：任福君　周立军

委　　员：陈芳烈　王直华　阎仁浩
何　丹　尹传红　柴俪杰

主　　编：周立军

副 主 编：尹传红　柴俪杰

策划编辑：吕建华　许　英

责任编辑：许　英　叶　翚

责任校对：韩　玲

责任印制：王　沛

目录 contents

第一单元　生态与环境

第二单元　基因与生活

目录 contents

前言 分享智慧的果实

顾秉林

（清华大学校长、北京市科学技术协会主席、中国科学院院士）

当我怀着喜悦的心情，翻阅着厚厚一大叠《首都科学讲堂·名家讲科普》的书稿时，传来了“万名科技专家讲科普”活动启动的消息。这是中国科协贯彻党的十七大精神，落实《全民科学素质行动计划纲要》，动员广大科技工作者致力于提高全民族的科学素质，为建设创新型国家做贡献的一项具体措施。

我注意到，中国科协副主席、书记处书记齐让同志在活动启动仪式上表示，“万名科技专家讲科普”活动是纪念中国科协成立50周年的重点活动之一。各级科协、学会将动员组织广大科技专家，深入机关、学校、企业、部队、社区和农村举办形式多样、丰富多彩的科普报告、讲座。同时积极支持基层办好系列品牌科普报告会，比如中国科技馆的“科普大讲堂”、北京市的“首都科学讲堂”等。

令我感到高兴的是，《首都科学讲堂·名家讲科普》书系正是“首都科学讲堂”演讲内容的结集出版，北京市科协为此还专门拨付科普创作出版专项资金予以支持。

分享智慧的果实总是让人感到快乐的。北京市科协开办“首都科学讲堂”，就是基于充分利用首都知名专家云集、科教资源丰富、学术交往频繁这一得天独厚的优势，将科学名家请进“讲堂”，宣讲科学知识，探究科学思维，传播科学文化；同时，在互动现场通过科学名家心路历程的真诚袒露，与听众的问答碰撞，让人们得以亲身感受科学名家特有的精神内涵与人格魅力，从而走近科学名家，走近科学，激发自己在人生路上理性思考、快乐前行。

在各个方面的鼎力支持下，特别是在各位科学名家的积极参与下，特色鲜明的“首都科学讲堂”开办不到一年，就产生了巨大的影响，成为北京市一道内容丰富的科学文化大餐，一项标志性的科学传播活动。如今，已有包括国家重大项目的首席科学家和学科带头人在内的众多院士、专家、博士生导师，带着极大的热情走进了“讲堂”，在这项帮助公众理解科学的活动中尽一己之力。这无疑是一个非常可喜的现象。

党的十七大报告指出：“当今时代，文化越来越成为民族凝聚力和创造力的重要源泉、越来越成为综合国力竞争的重要因素，丰富精神文化生活越来越成为我国人民的热切愿望。要坚持社会主义先进文化前进方向，兴起社会主义文化建设新高潮，激发全民族文化创造活力，提高国家文化软实力，使人民基本文化权益得到更好的保障，使社会文化生活更加丰富多彩，使人民精神风貌更加昂扬向上。”

科学名家是科学研究和科学传播领域的佼佼者，也应该是传播科学文化、弘扬科学精神、提升我国民族文化软实力的一支重要力量。尤其是对科学家来说，参与科普活动或科普创作，既是一种责任、一种义务，也是一种示范和挑战。科普的内容，归根结底出自科学的具体实践者——科学家们的工作，而科学家的科研工作正是针对着“一事一物”来运用他的科学思想和科学方法的过程。因此，一个科技工作者，特别是精于本行、富有经验的科学家，对古今科研事例的体会，包括对自身科研经历的体验，只要梳理一下表达出来，就会是对科学思想和科研方法很好的普及。

书系第一辑作者之一、中国探月工程首席科学家欧阳自远院士在科研工作之余，还花费不少时间和精力在全国各地作科普报告，宣讲我国的月球探测项目和工作。他认为，满腔热情、积极、正确、清晰地传播科学，是科技工作者的责任和使命。他讲的一番话我非常赞同，他说：“从另一个角度来讲，花了国家和纳税人的钱，我们这些从事具体工作的人也有义务更好地传播科学思想，使公众更系统地获得相关知识，更多地了解我们所做的工作及其意义。所以，这实际上也是在做一项基础性的工作，它对于引导公众理解、热爱和支持科学，提高全民科学素质，实在太重要了。”

记得国内一位重视科普工作的医学专家曾经说过：“科学普及也是一种社会责任。一个科技工作者如果轻视乃至鄙夷科普，那至少是对自己的职业和社会责任理解与重视不够的表现。”以此而言，包括科学家在内的科技工作者，不应把使公众理解科学技术的工作视为负担，而应把它作为争取支持和获得信息反馈的极好机会。

20世纪末，美国著名天文学家兼科普作家卡尔·萨根在谈到科学家为什么应该普及科学时指出：“任何一个社会，如果希望生存得好，且其基本价值不受影响的话，那么就应该关心国民的思维、理解水平，并为未来作好规划。我坚持认为，科学是达到上述目的的基本手段——它不仅是专业人员所讨论的科学，而更是整个人类社会所理解和接受的科学。如果科学家不来完成科学普及的工作，谁来完成?”

事实上，我们都能感受到，一个国家或民族的科学素养程度已经开始对社会发展和国民的生活质量乃至价值观产生影响。不少学者认为，科普实际上应该包括三个层次：第一层次是知识层次，这是最基本的层次，其任务是传授科学的基本知识、基本概念，建立起对科学的基本认知，培育对科学的兴趣；第二层次是方法层次，就是展示科学的规律、学科方法和过程，其中包括科学史的教育，其任务是使大家能较深入和较完善地掌握科学；第三层次是理性层次，它的任务是普及科学精神和科学思想，提高公众的科学素质。而第三层次的工作才是科学普及教育最重要的方面和最终目的。

我深信，正逐步走向权威化、标志化、品牌化的“首都科学讲堂”，在提升科普层次、提高公众科学素养方面是大有可为并一定会发挥越来越大的作用的。我也期盼着，能有更多的科学家、更多的听众走进“讲堂”、走近科学。

祝“讲堂”越办越红火，祝《首都科学讲堂·名家讲科普》书系一直能够出好、出下去。

2008年4月

序言 跟社会热点和民生焦点贴得更近些

夏强

（北京市科学技术协会党组书记、常务副主席、《首都科学讲堂·名家讲科普》书系编委会主任）

2011年新春到来之际，依托于“首都科学讲堂”所积累的科学与人文资源，汇聚了生态与环境、基因与生活、空间与气候三大主题内容的《名家讲科普》第6辑跟大家见面了。

一如以往“讲堂”名家演讲之主旨，收入这本集子的各篇文章，更加注重贴近社会热点和民生焦点，着力以话题的新颖性、科学性和思想性吸引读者，因而使得本书也更有可读性、实用性和保存价值。作为一名科普工作管理者和本书编委会主任，对此我感到十分欣慰。

回望2010年，与科学相关的重要新闻和重大事件可谓是接二连三、层出不穷。而发生地震、滑坡、泥石流和冰冻雨雪这样的灾害事件，往往还会引发百姓困惑、焦虑乃至恐慌。在这种情况下，科普工作的价值也就更为充分地凸显出来了。令我非常感动和敬重的是，“讲堂”开办4年来，每逢重大科技事件发生，都有不少院士和专家怀着强烈的社会责任感，牺牲自己的业余时间，亲临“讲堂”讲科普，为百姓解疑释惑、指点迷津。他们在科普上所下的工夫，依我看一点也不亚于他们的专业研究。

《极端天气谁惹的祸》，光看一眼标题，就非常吸引人。李泽椿院士从最近两三年频繁出现的诸多异常事件讲起，以通俗的语言阐述了什么叫极端天气事件、预测大气的复杂性、天气预报为什么难于做到100%的准确，最后还介绍了如何科学地应对极端天气灾害。

《人类能活200岁吗?》，乍一看也非常吸引眼球。童坦君院士在演讲中从人类寿命长短的决定因素和衰老的机理，谈到国内外衰老研究的发展趋势、如何做到健康长寿等，着重探讨的是“人类为什么会衰老”这一议题。他结合自己的研究、观察告诫我们：健康长寿掌握在我们自己手中，延长老年人的健康期，缩短带病期，是我们的努力方向。“适度限食”和“适量运动”，是大多数科学家认同的延缓衰老的方法。双“适”的关键在“适”字，过了就适得其反。

其他还有《呵护好我们的“生命之源”》、《变与不变的思辨》、《保护环境就是保护我们自己》……说的大都是离我们的生活很近的身边事儿，也都值得一读。

随着新年钟声的敲响，作为公益性科普讲座活动的“讲堂”进入到了第5个年头。这是北京市科协为科学名家和公众搭建的一个分享智慧果实、参与公共事务的平台。如今，它已成为全民科学素质提升和学习型城市建设的一块阵地、北京市经常性科普的一个亮点。我们有决心、有信心也有义务，继续把“讲堂”办好，把《名家讲科普》系列图书出好。同时，也希望大家继续关注和支持“讲堂”，帮助我们创新选题和运作模式，跟社会热点和民生焦点贴得更近些，打造好这张首都的“科学名片”。

今年是“十二五”规划的开局之年，“十二五”时期是我国深入贯彻落实科学发展观、构建社会主义和谐社会、加快经济发展方式转变、全面建设小康社会的关键时期，也是北京实施“人文北京、科技北京、绿色北京”发展战略，加快建设世界城市的重要时期。北京市科协提出，今后要围绕科学发展主题和转变经济发展方式主线，充分发挥科协人才荟萃、学科齐全、联系广泛、组织网络健全的独特优势，瞄准加快转变发展方式、建设世界城市的科技需求；瞄准广大公众提高科学素质的科普需求；瞄准广大科技工作者参与科技创新、发挥聪明才智的群体需求，创新体制、完善机制，搭建平台、拓展领域，加强基础、提升能力，努力探索服务首都科学发展的新思路、新途径、新载体，为实现首都经济社会又好又快发展作出新的贡献。

提升公民科学素质，积极建设科技北京，每一位科技工作者都有责任并应该有所担当。让我们一道努力吧！

沈国舫　**对一个大工程的综合“考察”**

——谈三峡工程及其对生态环境的影响

导读

第一单元

生态与环境

三峡工程最早是孙中山先生在《实业计划》中提到的初步设想，当时还邀请了美国专家进行勘察。新中国成立后，三峡工程被正式提上了议事日程。1994年12月，在前期大量的调查研究工作基础上，三峡工程正式开工。2008年11月，三峡工程基本建成。

如此举世瞩目的一项工程，它的突出效益体现在哪儿？除了取得防洪、发电、航运等预期的经济效益外，三峡工程是否存在问题？特别是对生态环境是否存在影响？

沈国舫院士的文章分别从三峡工程对气候、地震地质、库区的土地利用，植被、水土流失、生物多样性等多方面的影响来考察，全面认识三峡工程对生态环境的影响。

通过对一系列调研数据的精确分析，我们可以初步得出一些结论：三峡工程的实施的确对长江流域生态环境产生了一定程度的影响，但基本上没有超出原有的预测范围。个别问题虽然事先估计不足，但尚不会导致大的不良后果。而且，在不断深化对生态环境问题认识的同时，国家也高度重视三峡库区的生态建设与环境保护，已积极采取一系列的应对和补救措施，生态环境恶化的趋势得到了有效的遏制和改善。

沈国舫简介

林学专家。1956年毕业于苏联列宁格勒林学院。北京林业大学教授，曾任北京林业大学校长，为第八、第九、第十届全国政协委员。并兼任中国林学会理事长。1995年当选为中国工程院院士，1998年当选为中国工程院副院长。长期从事森林培育学和森林生态学的教学和研究工作，曾获国家级科技进步一等奖1项，部省级科技进步一等奖1项、二等奖2项、三等奖2项，国家教育委员会（现国家教育部）优秀教材奖、国家优秀科技图书奖各1项。

对一个大工程的综合“考察”

——谈三峡工程及其对生态环境的影响

今天我们谈论的话题是三峡工程对生态和环境的影响。讲到三峡工程，我们就要对三峡工程有一个基本的了解，三峡工程不是某个人突发奇想、一拍脑袋就提出来的，它的提出到现在已经有近百年的历史了。

三峡工程的策划和修建过程

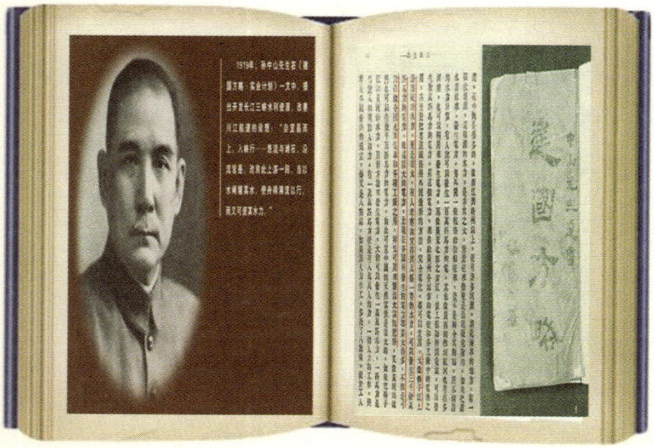

孙中山先生于1919年首次提出建设三峡工程的设想

1919年，孙中山先生在他的《实业计划》中首次提出了要建设三峡工程的构想。1944年抗日战争即将结束之时，国民党政府请了美国垦务局的专家萨凡奇博士专门到现场进行勘测，编写了《扬子江（长江）三峡计划之初步报告》。萨凡奇的报告比较粗略，只是认为这里有可能建三峡大水坝。

新中国成立之后，国家对这件事情非常重视。1950年长江流域规划办公室成立。

七届人大五次会议通过关于兴建长江三峡工程的议案

1958年中共中央通过了关于三峡水利枢纽和长江流域规划的意见。1971年底，中央决定先修葛洲坝工程，作为三峡工程的实战准备，该工程于1988年全部竣工。1986~1988年，由水利电力部成立三峡工程论证小组，开展了全面深入的论证工作。当时的论证领导小组的组长是长期担任我国水利部部长的钱正英同志。以上就是三峡工程的大致来由。

毛主席在1956年畅游长江的时候挥笔写就《水调歌头·游泳》：“更立西江石壁，截断巫山云雨，高峡出平湖”，意思就是要建三峡工程。1992年举行的全国人大七届五次会议，通过了批准兴建三峡工程的决议。

1986~1988年进行三峡工程论证工作时，邀请了几百位专家，包括当时的学部委员们，经过慎重的研究得出可行性报告，然后于1992年在全国人大正式通过。1994年12月三峡工程正式开工，1997年11月实现大江截流；2002年11月导流明渠截流；2003年6月大坝建成，第一步实现蓄水135米；2003年6月三峡船闸修好，开始试通航。2003年7月，三峡电站初装，电站分三部分，左岸电站14台发电机组，右岸电站12台发电机组，每台功率70万千瓦，是当时世界上最大的发电机组；后来又增加了地下6台发电机组，每台功率70万千瓦，至今还没有建成。所以装机总量是30台乘以70万千瓦，共2250万千瓦，是世界上第一大水电站。

1994年12月，三峡工程正式开工

2005年9月左岸电站提前一年全部投产；2006年大

■ 2008年11月，三峡水库基本建成

坝全线浇灌到顶；2007年5月三峡船闸完建并恢复通航；同年，三峡右岸电站的首批机组也开始投产；2008年11月三峡水库基本建成，并进行试验性蓄水，目标175米，实际蓄水172.8米。

2009年9月份，南方汛期过后开始重新蓄水，目标还是175米。但由于长江中下游相继出现干旱缺水现象，据国务院的指示，三峡又开始加大放水，给下游补水，所以蓄水一直没有达到175米。

三峡工程的巨大效益

这样一项举世瞩目的工程，它的突出效益体现在哪儿呢？

首先是建成后平均防洪效益非常大，可抵御百年一遇的大洪水。三峡工程的防洪库容221.5亿方，所以上游有大洪水来，它可以通过蓄水把洪峰削掉，因此就不会冲击下游。像1998年那样的大洪水，如果有三峡大坝在，应付起来就没有问题了。如果还可以把荆江分洪区再利用起来，那完全可以抵御千年一遇的大洪水，解除了我们中华民族的心腹大患。由此可见三峡工程的防洪效益特别巨大。

其次是发电效益也很大，即经济效益、环保效益巨大。仅2007年一年，三峡电站供电量就达到611亿千瓦时，相当于节约了火力发电的原煤2260万吨，同时减排二氧化碳、二氧化硫、氮氧化物等大量污染物。

在全部机组投产后，三峡电站每年发电量可达2000多万千瓦，可以替代5000万吨原煤。高效的发电能力大力支援了华南和华东地区电力缺乏省份的生产用电。

最后就是航运效益非常明显。三峡工程建成以后，重庆至宜昌的航道由三级升级到一级，可以实现重庆到汉口之间的船队排水量由3000吨升级到1万吨；通行的单船排水量也由1000吨升级到了3000吨。事实上，在三峡工程建成后，航运发展得非常快，原来预计要到2015年甚至更晚才能达到5000万吨的单向航运量，实际上这两年就已经接近这个水平了。

■ 三峡右岸电站首批机组投产

上述这三大效益是最明显、最直观的，当然还有其他诸多效益，如前文提到的长江下游出现旱情了，三峡储的水就可以多放点，由原来每秒6000方水，增加到每秒8000方以缓解下游的旱情。这就是水库的另一作用：下游干旱的时候放水，上游要来洪水了可以蓄水。

北京是个很缺水的城市，将来要靠“南水北调”来解决水源问题。无论东线还是中线，水都是要靠长江中下游来供给的，而三峡工程无疑就保障了长江中下游的水源。

除了以上这些明显的经济效益以外，我想特别强调的是在建设三峡工程过程中，我们国家的自主创新能力得到了巨大的提升。修建这样一个世界最大的大坝，遇到的很多突出的工程问题，都被一次次解决了。

> 在建设三峡工程过程中，我们国家的自主创新能力得到了巨大的提升。修建这样一个世界最大的大坝，遇到的很多突出的工程问题，都被一次次解决了。

首先，要装这么多大型的发电机组——最后定型的是70万千瓦的发电机组，当时世界上是没有的。原先我们国家只能造20万千瓦的发电机组，世界上最大的也就60万千瓦，但是我们需要的是70万千瓦的发电机组。我们自己做不了，就要面向全世界招标。

我们采取的办法是，谁来投标，必须要跟我们合作来做这个发电机组，而且在制作过程中，一系列的技术要点都要对我们公开。我国的工程师、科学家们也都很争气，通过头几台机组的国际合作，到了左岸发电机组的后几台发电机，我们就开始自己生产了。在装配右岸发电机组的时候，我们基本上完全可以自己生产。现在我们国家已经完全掌握了70万千瓦水力发电机组的生产能力，而且可以达到80万千瓦，将来还要生产100万千瓦的发电机组。

这一生产能力的跨越式提升，是知识产权和能力的效益，这个效益也是很高的。

三峡工程对气候的影响

除了良好的经济和社会效益外，大家也关心三峡工程是否存在问题。许多人也提出了一系列的问题，其中最关心的就是三峡工程对于生态环境的影响。那么，我们就分别从三峡工程对气候、地震地质、库区的土地利用、植被、水土流失、生物多样性等方面的影响来考察、认识一下。

首先是对气候的影响。最近我国西南部地区以及东南亚地区发生旱灾，澜沧江水量较少，有些人埋怨这是受三峡工程的影响而造成的。其实，澜沧江是澜沧江，长江是长江，二者并不相关。那么，三峡工程是不是真的改变了气候，“制造”了我国西南地区的干旱呢？

一个地方的气候、天气状况是年年在变的，今年干一点明年湿一点，它的变化是有一定幅度的。而三峡建坝以后的变化，并没有超出原来这个变化幅度。

让我们来科学地认识这个问题。经过对比三峡工程建成前后几年的各种气象因素，确定三峡水库修建后的水面面积扩大了，对库区的周边局部小气候，可能产生了一定的影响。尽管2004~2007年三峡库区的局部地区，部分气象要素的起伏变化较大，但是从长期变化看，这个变化仍在三峡地区气候的年际变率范围之内。这就是说，一个地方的气候、天气状况是年年在变的，今年干一点明

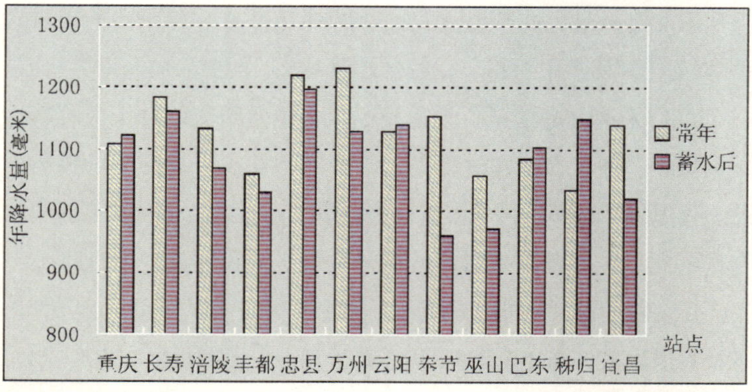

降水量趋势分析图

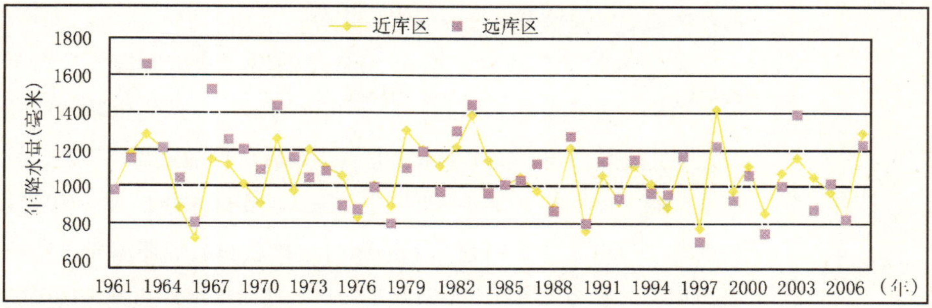

降水量趋势分析图

年湿一点，它的变化是有一定幅度的。而三峡建坝以后的变化，并没有超出原来这个变化幅度。

气候变化本身是一个波动的过程，蓄水以后短短几年的资料还难以反映出来。而且，有一些变化是由更大尺度上的气候变化和三峡工程的影响叠加起来的，并不是主要由三峡工程本身引起的，而主要是大气候的环境引起的。

根据上图降水量趋势分析图可以做一个简单的分析：大坝开始蓄水后，整个地区降水量有所减少，但不仅是三峡本身在减少，从整个大西南地区——云南、贵州、四川、重庆来看，这几年的降水量也是在减少。而这跟整个西南地区大气候背景的降水周期性偏少是一致的，不是三峡库区独有的现象。尤其是 2006 年曾经出现了重庆大旱，2010 年又出现西南地区大旱。我们可以看出这么大范围的旱情并不是三峡库区所能影响的。

另外，这几年气温偏高了一些，而这是全球气候变暖和三峡水库蓄水共同影响的结果。也出现了相对湿度下降、平均风速减小的现象，但在整体上与大气候影响的强度相比来说并不算大。

其实，我们最担心的是雾的问题。离三峡库区很近的重庆是我国著名的“雾都”，但这几年雾在不断减少。三峡库区存在的两个多雾中心，受大气候变化和三峡地区降水量周期性变化的影响，蓄水以后多雾的范围明显缩小。库区的雾日具有明显的年代际振荡的特征，20 世纪 20~60 年代到 90 年代经历了一个完整的年代际波动；但进入 21 世纪以后，雾日逐年减少，而且在未来的 5~10 年内，该地区可能还将维持雾偏少的状态。

至于极端天气事件，譬如2006年的四川和重庆特大高温干旱，据有关专家分析大致包括如下几个原因：一是受全球气候变暖影响；二是四川、重庆本来就是我国高温伏旱的主要频发区，历史上高温干旱事件也频繁发生；三是因为城市越来越扩大，热岛效应加剧了气候燥热；四是与下垫面的热状态和大气环流异常特征密切相关。那么，根据大型蓄水工程可能使得库区周边地区的湿度和降水都有所增加的一般规律，三峡水库的修建，应该是可以减缓周边地区干旱发生的强度。

三峡作为一个水库特别巨大，但是作为一个地域景观来说，放在西南云贵川地区这么大的范围下就只是一个很小的区域了，因而还不足以影响大气环流。

按道理讲，三峡水库的修建增加了周围地区的水表面积和水分蒸发量，应该能减少高温干旱天气的发生。可是2006年旱灾发生，有人就开始埋怨是三峡水库惹的祸；2007年重庆又发大水，也有人埋怨是修建水库造成的。这些推断其实并无道理。实际上从科学的角度看，这主要是受大气环流作用的影响，并不是一个小小的三峡水库所能影响的。三峡作为一个水库特别巨大，但是作为一个地域景观来说，放在西南云贵川地区这么大的范围下就只是一个很小的区域了，因而还不足以影响大气环流。

由于受更广大范围的大气环流的影响，2007年重庆出现了大暴雨。它形成的原因是高纬度冷空气活动频繁，为大范围的降水创造有利条件；中纬度低值系统和低纬度副热带高压系统影响，这几大系统结合起来相互作用影响，就造成了重庆大暴雨。所以，重庆地区的极端天气事件，与三峡水库蓄水并没有直接关系，而是更大尺度范围的大气环流影响的结果，目前还没有科学依据表明水库蓄水对极端天气气候有直接影响。

三峡工程对地震及地质灾害的影响

三峡水库这样庞大的工程对周边地区地震和地质灾害的影响也是公众很关心的问题。2001年10月，以数字遥测台网为主体的三峡工程水库地震监测系统已经建成，此外在库区由坝址到巴东库段两岸 10 千米范围为重点地段布设了 18 个人工值守的流动地震观测台。一般理论认为，修了大水库以后，由于突然增加了上百米厚度的水量，对于原来下面的地质构造产生了一定的影响，因而可能会引发一些小地震。这种情况肯定是有的，但也仅限于微震、小震。

观察一下右侧的水库蓄水前后不同震级地震年发生频率的对比图——蓄水前的是蓝色的，蓄水后的是紫色的，可以发现发生地震的频率确实是增多了，尤其是刚蓄水的时候增加的速度还非常快。但是，随着震级的增加，发生频率增加的幅度越来越小，而且主要是 0.5~1.0 级的微震，3 级以上的地震基本上没有。事实就是这样，微震频率增加很多，但没有造成太大影响。

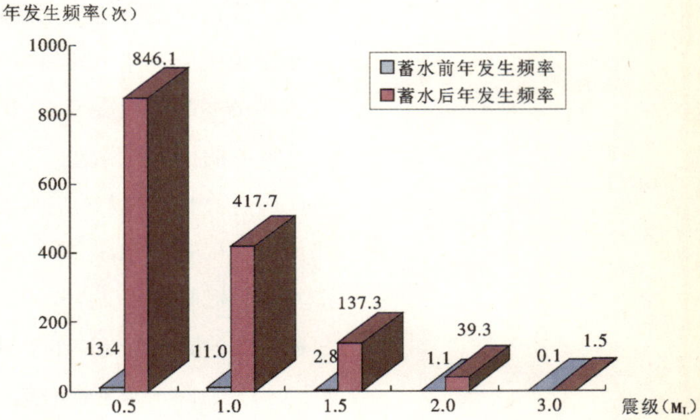

■ 水库蓄水前后不同震级地震年发生频率对比

其实，在工程设计的时候专家们就考虑到水库修成以后，可能会发生最高 5.5 级的地震。但到目前为止，蓄水这么多年还没有发生过超过 5 级的地震，最高一次是 4.2 级。经过科学的分析，我们可以看出这里没有引发大地震的条件。

从地质条件来看，5 年内分期蓄水至 156 米高程和蓄水、放水的水位涨落这一系列过程中，库区岩层应力场和渗透场经过了 109 米的水头变化，大部分已经逐步调整了。也就是说，在蓄水的时候突然增加了巨大的分量，下面的土、岩石等已经有了调整的过程，这就是微震的原因。那么，再从 156 米增加 19 米到 175 米的水头，就不会引起库区的地震、地质条件的重大改变。

预计蓄水到 175 米以后，库区地震的频度和强度会有所增加，但还是以微震为主，不会超过三峡工程论证中所预计的最大震级 5.5 级和对坝区影响烈度的结论。其实，三峡的大坝有一个特殊的利好之处：它是建在一个整块的花岗岩石上的，非常牢固。所以坝前16千米的结晶岩库段预计仍是库区地震活动最弱的地段，只会有震级小于3级的浅地表的微破裂型微震。

2008年发生了汶川大地震，它跟三峡工程有没有关系呢？经过地震学家的专门研究，认为汶川大地震跟三峡工程没有关系。这是因为两者所处的区域构造条件截然不同，没有区域构造上的联系。汶川地震是由于青藏高原东面向四川盆地过渡区的龙门山断裂带中映秀—北川断裂带突然错动。龙门山断裂带属于青藏地震区中的龙门山地震带；三峡工程所在的黄陵背斜地区属于华南地震区中的长江中游地震带，两者无区域构造上的联系。而且，三峡库区有着厚度很大的隔水区环绕，封闭条件很好，与龙门山构造带没有直接的水力的联系。所以，汶川地震对整个三峡库区的影响非常小。根据强震仪台阵的记录及现场宏观调查，汶川地震对整个三峡库区的影响烈度均小于Ⅵ度。

经过地震学家的专门研究，认为汶川大地震跟三峡工程没有关系。这是因为两者所处的区域构造条件截然不同，没有区域构造上的联系。

另外，除了地震还有地质灾害。地质灾害包括滑坡、泥石流、库岸崩塌等。就整个库岸而言，三峡工程库岸稳定性总体来说是很好的，稳定条件好的和较好的岸段占库岸总长的90%左右；稳定条件较差的库岸有16.1千米，只分布在几个局部地段。

三峡水库库岸很长，大部分是好的，小部分有点不稳定。这种情况在原来设计时就预见了，要通过专门加固的方法来解决。为什么要加固呢？水库蓄水后，库岸的一些泥和小碎石都被浸透，再一缺水，这“一起一伏”就会造成部分库岸的不稳定。

巫山龙潭沟移民小区

事实上也有过滑坡事故的发生。三峡是一个很窄的峡谷，它没有修水库的时候就常有各种各样的滑坡事故发生。经过近20年的调查勘测，库区的地质灾害已经基本查清，对于存在威胁的地质灾害体进行了专门的加固处理。

左图是巫山龙潭沟的一个移民小区，

建的房子都是高楼大厦。而我们主张在这种情况下，不要建高楼大厦，不要修那么密。否则会加重我们加固库岸和崩塌坡的任务。

三峡工程对土地利用变化及生物多样性的影响

三峡蓄水后，因为人群往上迁移，还要开垦新的农田、道路等，植被处于退化状态。但是，由于做了天然林保护、退耕还林的工作，森林面积还是在增加的，而且土壤侵蚀量明显处于减少状态。库区草地零星分布，面积锐减，中度与强度退化的草地面积为50万公顷，每年扩展2%，库区的草地面积在减少，而且有退化。这就是现状。

我们对此也做了很细致的遥感测定，利用十万分之一的遥感测图来对逐块土地进行分析，得到建坝前和建坝后土地利用状况的对比，总结出来各种土地的利用情况，包括林地、草地、湿地，水田旱地的变化状况等。总的来说，林地面积是增加的；建筑用地也是大大增加的；荒地减少了；水土流失也明显减少了。

三峡水库蓄水，对于该地区大部分物种影响较小，对个别物种产生了一定的负面影响，像荷叶铁线蕨、疏花水柏枝等几种植物受淹没影响恐怕以后就绝迹了，幸好已发现新的分布点且迁地保护后生长状况良好。对一些可能会造成影响的植物，我们都有监测。

三峡水库蓄水，对于该地区大部分物种影响较小，对个别物种产生了一定的负面影响，像荷叶铁线蕨、疏花水柏枝等几种植物受淹没影响恐怕以后就绝迹了，幸好已发现新的分布点且迁地保护后生长状况良好。

蓄水对于陆生野生动物影响不是很大，它们受到的主要威胁还是来自人类的活动；林业工程对陆栖野生脊椎动物的栖息地保护和恢复作用明显。蓄水对鸟类的影响比较大，蓄水后鸟类群落结构发生了改变，人为干扰影响较大。

三峡蓄水对渔业及水生生物的影响就更大一些。虽然使水库的养殖面积扩大了，渔业产量可以增加，但是由于积水多了，水变凉了，鱼产卵的繁殖期要滞后20天左右，而且鱼类将移至库尾以上水域繁殖，鱼苗将大量被截留库内；库区鱼类病原体组成的变化将使流行性鱼病几率增加。

■ 中华鲟

■ 白鳍豚

对于重点保护的物种资源，左图中的中华鲟属上溯产卵回游性鱼类，繁殖环境可能受到干扰；上游的白鲟和胭脂鱼幼苗不能漂到坝下，在中、下游难以形成较大规模的繁殖群体；扬子鳄、大鲵、江豚不会受到影响。

其实，我们在修建葛洲坝的时候，就已经注意到中华鲟的保护问题。中华鲟是我们国家相当于大熊猫这样级别的珍稀动物。当时专门建了人工养殖场进行繁殖、放流，而且在葛洲坝以下创造了一些条件，使它找到了新的回游区和新的产卵区，再加上人工培育和放流幼苗，取得了重要的成效。

有些物种像白鳍豚，本来在修三峡水库以前就已经好多年没有见到了，已经处于濒临灭绝的状态，也不能说是三峡水库本身影响了白鳍豚。

最后还有对浮游植物和藻类的影响。现在发现蓄水前后藻类是有变化的：物种数明显增加，群落发生演替。

三峡工程对水质的影响

说到污染水源，那么三峡工程对水环境到底有什么影响？我们从水文、泥沙、水质三个方面来看一看。从水文状态看，受全球气候变暖自然因素的影响，长江上游年径流量呈递减趋势，如1991~2007年的多年平均年径流量较多年平均值减少了1000立方米/秒，这种状况如果继续下去，将会对长江中下游的用水带来一定的影响。

三峡工程可利用其已有的392亿立方米调节库容，与上游各干支流在建和拟建大型水库共计的800亿立方米的调节库容联合

调度，可在一定程度上应对这一自然灾害，缓解长江中下游的缺水状况。

长江上游来水来沙是三峡工程泥沙研究的基础条件。长江干流历年的沙量基本上在多年平均值的上下浮动，并没有明显增加的趋势。随着上游水土保持工作的开展和上游水库的陆续兴建，三峡水库入库泥沙量将呈减少趋势。

另外这几年雨量总体减少，这也是泥沙减少的一个原因，再加上上游的许多水库，也挡住了部分泥沙，所以自从三峡蓄水以后，进入三峡水库的泥沙大大减少。而且三峡水库还有一个排沙的措施，如果沙太多就可以通过坝底排出去，由于这一系列因素的综合影响，三峡水库百年之内，调节洪水的库容是完全有效的。因而三峡水库不会成为另一个三门峡水库。

> 三峡水库百年之内，调节洪水的库容是完全有效的。因而三峡水库不会成为另一个三门峡水库。

三峡工程对于长江水质又会有什么影响呢？看待水质要从两个方面考察：干流水质和支流水质。总体看来，目前库区干流水质稳定良好，库湾、支流等局部水域呈现出富营养化状态，且发生水华现象的频次、范围和时间均呈上升态势。

从干流来说，水质是良好的。通过分别在几个段面取水来测量水质，发现大部分都是二类水质，所以三峡水库里的水现在是很清澈的，水质是稳定的。

库区的支流水质要差一点，属于三类到五类水质。丰水期水质要好些，平水、枯水期就差些，尤其是支流和干流交接的河口地方最差：因为原来长江的水流动得很快，现在水库建成后，流动速度慢了，水的自我清洁功能降低了，一些污染物质就容易留存在河口。

> 原来长江的水流动得很快，现在水库建成后，流动速度慢了，水的自我清洁功能降低了，一些污染物质就容易留存在河口。

目前，长江上游的来水，水质是比较好的。金沙江、雅砻江、嘉陵江这几条主要支流水质是非常不错的。综合分析一下上游支流的水质问题，总的来说还算是好，个别河流有轻微污染现象。因此要治理三峡水库的水质，不但要治理水库本身，还要治理上游的河流。

最后一个问题是三峡水库对中下游水质有什么影响？水文影

响，除了水源充足外，水质也基本上没有问题，可以继续成为下游的各个城市的饮用水来源。长江中下游干流水质状况持续良好，除石油类时有超标外；高锰酸盐指数、氨氮、铅、汞、挥发酚等主要污染指标没有超标现象；三峡水库的蓄水运行没有对长江中下游水质带来明显变化。

虽然三峡库区也修建了许多污水处理厂，但是由于污水处理厂运营成本比较高，运营情况不好。

三峡工程对下游湖泊及河口的生态影响

三峡工程对下游湖泊及河口的生态影响分为四个方面：第一，水库改变了下泄流量、含沙量和水温，从而直接影响长江河床的变化和生态系统的演变；第二，江湖关系（地表水和沙量的直接交换）对洞庭湖、鄱阳湖等湖泊生态系统发生影响；第三，侧向补给和承压力传递影响荆北四湖地区的土壤潜育化、沼泽化；第四，水量变化加剧了秋冬季河口盐水入侵，并加快土壤盐渍化，影响了河口生态群落。

■ 重度潜育化

三峡工程在很大程度上影响了长江中下游平原湖区。对荆北四湖地区土壤潜育化有直接的影响。三峡工程改变了长江的水位，进一步影响湖区地下水位，对平原湖区的潜育化造成影响；荆江的侧向补给和承压力传递是主导了四湖地区的渍害，影响范围可波及10~15千米，而且与农田地下水有不同程度的沟通，直接影响土壤的发育和性状，涉及土壤面积约40万公顷；减泄流量时，有利于缓解低洼农田渍害和土壤的脱潜。

■ 潜育水稻土

另外，减少入湖泥沙，有助于延长湖泊寿命，对湖泊湿地结构、水体环境也将构成潜在影响。而且，据调查表明，越冬水鸟数量明显下降，鹤类等珍稀鸟类数量呈减少趋势，湖泊湿地的水鸟栖息地丧失严重。

■ 鄱阳湖草洲

当然，原因是多方面的。包括流域干旱、枯水季节提前来临，草洲提前枯死，水鸟原来栖息地消失；湖区大面积栽种杨树和芦苇，侵占了水鸟的栖息地等多种原因。

三峡工程对文化遗产的影响

大家主要的疑虑就是建库后随着水位升高和水面展宽，峡谷景观相应减弱，景区特点发生一定改变；三峡库区历史文物较多，属于省级保护文物的有 6 处，地、市、县级保护文物有 10 余处，水库蓄水后将会部分淹没或全部淹没，如涪陵石鱼、云阳张飞庙、瞿塘峡的摩崖题刻、巴东秋江亭、秭归屈原祠等。

事实上，这些问题在修建三峡工程的时候就已经在考虑之中了，三峡文物保护分为四期进行；目前第三阶段的工作已完成，截至 2005 年年底，湖北和重庆两省市累计已开展文物保护项目 913 处（湖北 323 处，重庆 590 处），其中地面项目 334 处，地下项目 579 处；大部分文物本着原地保护、搬迁保护、留取资料的原则进行保护。

那么三峡是不是修了大坝蓄了水以后就不像个峡了呢？长江

三峡两岸山峰峰顶海拔都在1000~1500米，三峡蓄水后，瞿塘峡和巫峡的水位仅升高30~80米，影响不大。对于三峡中平均海拔最低的西陵峡，在蓄水后其峡谷景观有所减弱，但不影响其观赏性。

三峡大坝修好后，成为我们国家一个旅游的新热点，三峡大坝本身也成为一道亮丽的风景。

水位升高以后，另外还有一个好处：原来一些支流，本来是藏在"深闺无人知"的小三峡，本来水面很窄，稍大一些的船进不去，虽然风景很好但知道的人较少。水库修好后，人们就可以坐船进入小三峡去观赏风景。还有一个小小三峡，需要再次提高水位后，才可以开发。事实证明，三峡大坝修好后，成为我们国家一个旅游的新热点，三峡大坝本身也成为一道亮丽的风景。

结束语

通过上述的分析，我们可以初步得出一些结论，三峡工程的实施的确对长江流域生态环境产生了一定程度的影响。但基本上没有超出原预测的范围。虽然在定量的预测上有些出入，比如污水的状况；农业上用大量的化肥农药，也属预计不足，但尚不至于产生大的不良后果。

工程建设过程中，在不断深化对生态环境问题认识的同时，国家高度重视三峡库区的生态建设与环境保护，已积极采取一系列的应对和补救措施加以解决，从而减轻了不利影响，生态环境恶化的趋势得到了有效的遏制和改善。

当然，也确实出现了一些需要进一步研究明确的问题，诸如：库区经济社会发展与生态环境污染矛盾突出；消落带、库区支流水华的治理；河口侵蚀与海水入侵。因此，要充分认识三峡水环境安全防护的艰巨性、长期性和复杂性，高度重视今后可能凸现或隐现的新的环境和生态问题，通过持久不懈的努力以求将不利影响降至最低。

总体上，三峡工程没有超出当初的设想，各项指标均达到或超过了设计标准。这是一个成功的工程，是一个中国特色社会主义大工程时代的工程代表作，"利大于弊，以利为主"。

总体上，三峡工程没有超出当初的设想，各项指标均达到或超过了设计标准。这是一个成功的工程，是一个中国特色社会主

义大工程时代的工程代表作，“利大于弊，以利为主”。另外，三峡工程建设中有许多值得肯定和借鉴的经验；建设过程中出现了一些新情况、新问题；有待继续监测、研究和不断修正、改进。

答问

问题：沈院士，听了您的讲座受益匪浅，我有几个问题，第一个我一直想知道，三峡水位提高了 100 多米，但是实际上坝址到底海拔为多少？

回答：坝高是 185 米以上，是海拔高度。提水提到海拔 175 米是我们的目标水层，它上面还有十几米呢。

问题：三峡工程是全国人民的时代工程，修建水库之后，重金属是否会越来越多？在水质变化过程中，是否要考虑重金属的问题？太湖里面出现很严重的蓝藻事件，与三峡工程之间有没有联系？

回答：我们始终关心重金属问题。但不是所有的工业都产生重金属，只是有一部分，其实主要是在长江上游的攀枝花，那才是产生重金属污染的地方。攀枝花的重金属污染影响长江干流，现在还没有到这种地步，据说引起了很大的恐慌。

关于太湖的问题是不是跟长江有关。要是有关的话，太湖要解决水华污染的问题，是希望引用长江的干净的水来冲淡它的污染，而不是说长江会加重它的污染，长江的水本身是干净的。

问题：在对生态环境产生影响的 6 个方面中，您认为哪一个最重要，最值得引起重视的方面？

回答：我们跟中央提的是3个问题。一个是地质灾害继续要关注，因为虽说大部分没有问题，但少部分还是有问题，在陡坡上盖大高楼是危险的。另一个是移民问题，大部分移民现在生活基本安定，但他们的就业门路还是窄，要致富是有困难的，政府必须要注意。还有一个最重要的问题是水污染的问题。目前的治理强度还不能减少污染，我们保持了长江干流的清洁，但是还不断有各种各样的水华事件产生，需要加大力度继续努力解决水污染问题。

问题：我想问的是三峡工程在阶段或最终评估过程中，评估团成员的组成是一直跟随项目在做项目的专家科学家，还是有第三方的评估者参与到最后的评估当中，以使评估更加客观？

回答：不能说我在做这个项目，我评估说它是好还是不好，而是要有第三方的介入。这次评估，我们工程院组织的专家大部分都不是原来做三峡工程的那些科学家。我刚才提到钱正英，钱正英在当时论证的时候，她是水利部部长，负责三峡工程的论证。她提请我们，也是她建议温家宝总理来做三峡工程评估，因为她年纪也大了，觉得在她有生之年，希望知道一个结论。确实，在三峡工程问题上，始终存在不同的意见，许多人都希望有一个公正客观的结论。

我没有参加过三峡工程，还有大部分参加评估的专家也没有参加。但是我们也吸收了一些参加过工程的老专家的意见，因为你要了解情况，才能发表意见。我们分了10个组，每个组是一个领域，包括水文、泥沙、筑坝、电机等，由各种类型的专家组成。所以，应该说我们的结论是客观的，公正的。我们说是利大于弊，这不是随便说的，有充分根据。我们要按科学说话。

魏复盛　保护环境就是保护我们自己

——兼谈空气污染的危害及防治

导读

防治污染，保护环境，增进群众的健康就是提高我们的生活质量，这是我们环境保护工作的根本目的所在，也是促进经济社会可持续发展的必然选择。

各种污染都与我们的健康息息相关。空气污染可以造成呼吸系统疾病，对呼吸健康产生不利影响，尤其是影响儿童肺功能的发育；受到高浓度的铅危害，青少年的血铅会升高，智力会变差。铅污染不仅影响青少年的智力发育，还会影响青少年的肾脏功能的发育，影响青少年整个身体的发育；以苯并［a］芘为代表的多环芳烃是一类重要致癌物，而二噁英除了具有致癌毒性外还有致畸毒性、致死毒性和免疫毒性等。

这些污染物主要来源于工业生产，比如燃煤电厂、一些金属冶炼厂、钢铁厂产生的铅污染。比如，17类工业行业都产生二噁英。此外，有相当一部分污染物来源于我们的日常生活，比如，炒菜用油高温下就会产生苯并［a］芘等多环芳烃，香烟的烟气中除有多环芳烃外，还有一氧化碳、焦油、铅和镉等污染物。

环境保护问题，说到底是一个经济的问题，是一个经济发展的水平问题。而节约本身就是减少对环境的污染。

保护环境，就是保护我们人类自己，使我们的子孙后代能够健康地繁衍，而不会受到危害。保护地球家园，让人类的生活更加美好，人人都需要从自己做起，来保护环境，节水节电节能，节约一切资源，减少对环境的污染。

魏复盛简介

环境化学家。1997年当选为中国工程院院士。曾任第十届全国人大代表、全国人大常委会委员、环境资源委员会委员，中国环境科学学会副理事长、环境监测专业委员会主任，国家环境保护科技顾问委员会委员。目前主要从事环境监测技术、环境化学、环境与健康方面的研究。曾两次获国家科技进步二等奖。

保护环境就是保护我们自己

——兼谈空气污染的危害及防治

保护地球家园，让人类的生活更加美好，人人都需要从自己做起，来保护环境，节水节电节能，节约一切资源，减少对环境的污染。

防治空气污染

我们每个人每天要呼吸15~20立方米的空气，空气不干净，受到了污染，对每个人都会产生不利的影响。譬如空气里有颗粒物，也就是尘埃的污染，尘埃上面还会有重金属的氧化物，有农药，有致癌物多环芳烃，还有微生物、细菌、病毒，颗粒物、粉尘等都是它的载体。所以我们每个人鼻孔或者痰液里，都会反映出颗粒物的污染。

钟南山院士在做肺癌手术时发现，得肺癌的人，肺都是黑的，因为很多颗粒物、炭黑、香烟焦油从呼吸道进入了肺泡而沉淀在肺泡里，使肺容易产生变异。还有其他污染物，譬如二氧化硫、氮氧化物、甲醛、氨类等，我们有时在马路边行走，可以闻到汽油味、柴油味，甚至感到刺鼻子、刺眼睛，这些都是对我们人体健康有危害的污染物。

平常，粗沙进入不到我们的肺里面去，100 微米以上的尘就会被挡在我们鼻子的外面；但是 100 微米以下，特别是 10 微米以下的，就可以进入我们的鼻孔，通过上呼吸道，进入我们的支气管、肺泡，甚至通过肺泡进入血液，因而危害健康。

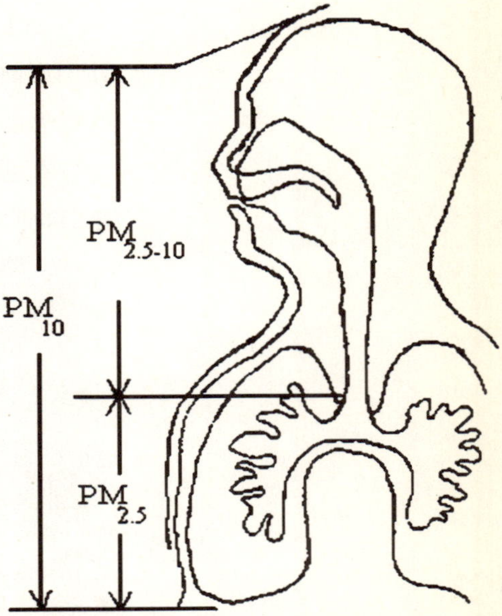

■ 不同粒径的颗粒物可到达呼吸系统的部位（PM2.5 即空气动力学直径≤2.5μm 的大气颗粒物）

不同的颗粒物中有害的重金属元素富集倍数是不同的。粗一点的颗粒物，重金属可富集到几十倍到几百倍；而那些细的颗粒物，它可以富集几千倍甚至上万倍。因为无论冶炼厂还是汽车尾气，燃烧产生的金属氧化物是在比较低的温度下就可以挥发到空气当中，然后再冷凝，形成细小的颗粒物的。而人呼吸了细小颗粒物，就可以进入肺泡。

空气中的颗粒物吸附多环芳烃，特别是苯并[a]芘，具有比较强的致癌性，尤其对肺功能，是一个主要的危险因子。

室外空气污染不仅对成人有不利的影响，而且对儿童呼吸系统也有很不利的影响。我们在武汉、广州、重庆和兰州做了一个研究，发现儿童感冒等呼吸系统疾病的发病率与空气细颗粒污染物成正相关。污染越重，儿童支气管炎的发病率就越高，儿童哮喘病的发病率也就越高。

我们在新闻媒体上也看见过这样的例子：某城市在冬天，一星期呈静风状态，污染物扩散不开，空气很污浊，结果门诊病人大为增加，在走廊里头都有很多打吊针的人。这就是因为空气煤烟的污染，而引起呼吸系统疾病急性发作的人数大量增加。污染越重，各种呼吸系统的疾病发病的危险性就越高，同样证明了空气污染与我们人类健康密切相关。

发病率不仅与空气污染有关，而且还会影响儿童肺功能的发育。以肺活量为例，污染越重，肺活量达不到标准的人数就越多；一秒末的吸气量，表明呼吸道遇到的阻力的大小，如果污染加重，呼吸道会产生痉挛，阻力会增大，所以它的一秒末吸气量就会下降，产生异常。

如下图表所示，空气污染可以使小学生呼吸道的阻力增加。污染区的二氧化硫和漂尘污染超标严重，冬天呼气道的阻力增大，吸气的阻力也增大，夏天同样是这样。污染区跟清洁对照区比较有显著的差别，儿童呼吸道阻力是明显增高的，所以空气污染对我们呼吸肺活量有非常不利的影响。

地区	三年日无论		气道阻力几何均值(cm 水柱/Ls)					
			冬			夏		
	二氧化硫	飘尘	n	呼气	吸气	n	呼气	吸气
污染区	0.137	0.600	128	3.72	3.80	74	2.42	2.34
对照区	0.030	0.207	110	2.38	2.34	101	1.99	2.00
P 值			<0.001<0.001			<0.001 <0.001		

■ 空气污染与小学生气道阻力

空气污染不仅对儿童，而且对成人的呼吸健康也有不利的影响。以二氧化硫为例，我们在 4 个城市做了调查，结果发现：成年男子感冒时气喘发病率与二氧化硫的浓度呈正相关。污染越重，气喘的发病就越多。成年女性感冒时候，发生气喘和二氧化硫的浓度也是呈显著的正相关，就是污染越重，她们发病率就越高。

中国有 3 亿烟民，在成年男子当中，吸烟的比例大约是 50%；在一些地方特别是工厂，男子吸烟的比例可以达到 70%~80%。吸烟有害健康，这是大家都知道的。如左图可知成年男子吸烟和自身的呼吸健康有定量关系，每天吸烟大于 20 支的、吸烟小于 20 支

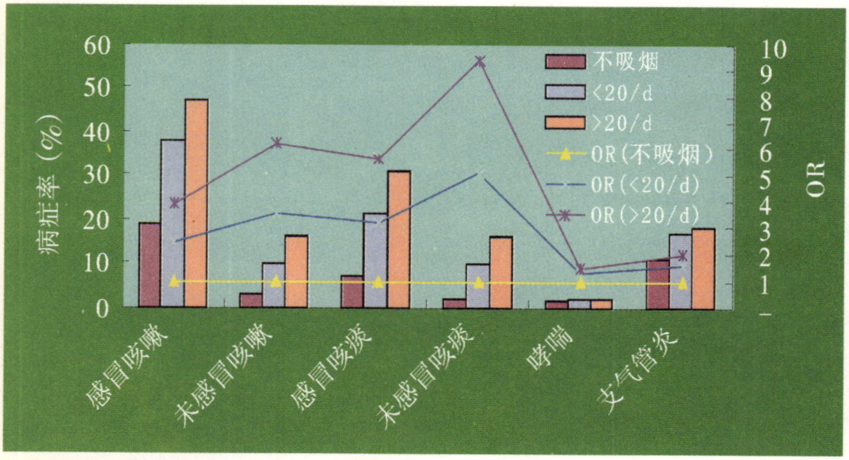

■ 成年男子吸烟与自身的呼吸健康

的和不吸烟的呼吸系统的发病率是不一样的。呼吸系统的发病率，是吸烟量越大的人群发病率越高，不吸烟的人群发病率最低。因为吸烟不仅有一氧化碳和焦油的污染，还有苯并［a］芘这个致癌物的污染，铅和镉的污染。当人吸烟的时候，燃烧出来污染物随着烟雾就进入了人的肺里。不仅吸烟者本人受到了危害，周围不吸烟的人也会受到危害，叫被动吸烟或者叫二手烟。

铅污染的影响

铅污染了空气，它会通过呼吸进入我们的肺泡，进而通过肺泡进入我们的血液。世界卫生组织规定，每升血液有 100 个微克的铅，就达到铅中毒的诊断标准。看一下我国部分省市儿童血铅水平：山西平均是 170，超标率达到 70%。山西为什么是全国血铅最高、超标率最高的省份呢？因为山西是一个能源基地，在煤燃烧的时候，其中的重金属铅变成氧化铅，释放到空气中，最后形成细的颗粒物，被人吸入后，特别是儿童吸入后，会使他们受害，所以这是很严重的一个问题。

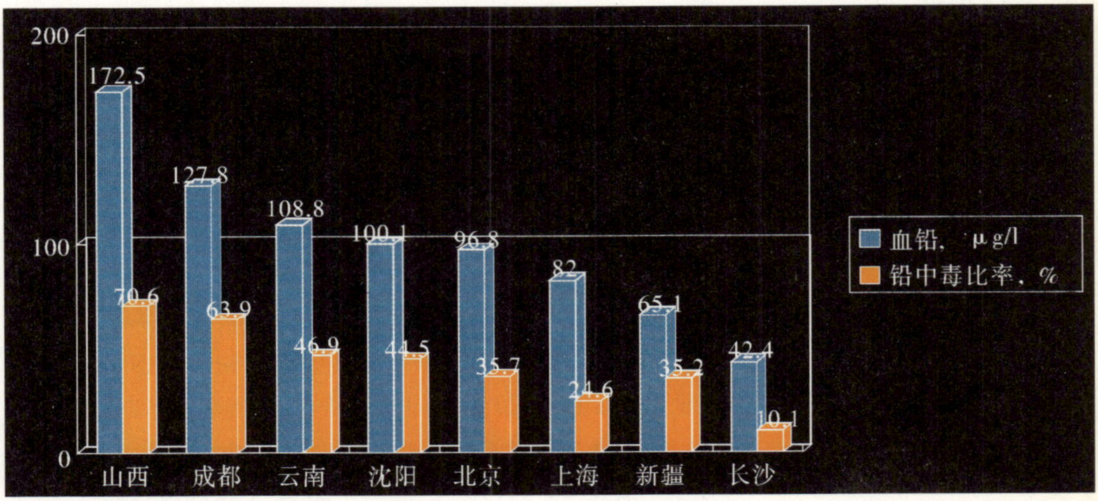

■ 我国部分省市儿童血铅水平比较

国家	血铅平均水平(μg/l)	铅中毒率(%)	测定时间
美国	36	8.9	
加拿大	15.7	–	1993–1995
印尼	86	34	2001
南非	119	78	2002
中国	92.9	33.8	1994–200

WHO 中毒诊断标准 100μg/L

■ 部分国家儿童血铅水平比较

距厂距离（m）	50	300	500	1000	5000
大气铅（mg/m^3）	1.12	0.95	0.86	0.74	0.50
血铅（μg/dL）	35.9	41.3	24.9	19.9	17.9
小学生成绩（%）					
好	8.3	14.3		23.0	25.0
中	35.4	32.7		63.5	65.0
差	56.3	53.1		13.5	10.0

距离污染源越近，血铅浓度越高，学生智力越差

■ 铅蓄电池厂附近铅污染及影响

其他省的超标率也是比较高的。我们看一下左图的国际对比：美国儿童平均血铅为 36 微克/升，加拿大为 15.7 微克/升，印尼为 86 微克/升，南非为 119 微克/升，中国为 92.9 微克/升。中国有 1/3 以上的儿童受到了铅的危害，达到了铅中毒水平，美国只有 8.9%，加拿大则没有。由此可见，发展中国家的中国和印尼有 1/3 儿童血铅超标，南非超标，达到78%。

再看左图铅蓄电池厂附近的情况。离厂越近，大气铅的浓度就越高，1.12 毫克/立方米，而我们的标准是 1.5 个微克/立方米，所以它超了很多倍。我们同样可以看出来，离这个污染厂越近，儿童血铅的浓度就越高。我们再从小学生的成绩来看，离厂区越近，学习成绩好的小孩占 8.3%，而差的学生占到 56%；离它5000 米远的，好成绩占 25%，成绩差的占 10%。距离污染源越近，受到的铅的高浓度的危害越大，学生的血铅就越高，智力就越差。不仅影响学生的智力发育，还会影响学生的肾脏功能的发育，影响学生整个身体的发育。

这几年我国发生了多起铅污染中毒的事件。四川、陕西、湖南、河南等很多地方都出现了金属冶炼厂、熔炼厂、铅蓄电池厂附近发生铅中毒的事件，中毒者的血铅浓度达到了 200~500 微克/升。唯一的解决办法就是禁止或者淘汰不符合环境保护的违法生产。

我们过去淘汰了含铅汽油，这使我们城市空气中铅的浓度明显下降。但是，我们的燃煤电厂，一些金属冶炼厂、钢铁厂等造成的污染仍继续存在。

多环芳烃污染与肺癌

这一类的化合物，可能大家不太熟悉。毒性最大的苯并［a］芘是一个致癌物。我们可以看一下中国肺癌发病率上升的趋势，乌鲁木齐 1979 年的肺癌发病率为 4/10 万，1992 年就达到 15/10 万，差不多增加了 3 倍；上海 1960 年为 5/10 万，到了 90 年代就达到了 56/10 万，30 年的时间肺癌发病率增长了 10 倍；北京的石景山是肺癌发病率比较高的地区，20 世纪 80 年代为 15/10 万，90 年代 20/10 万，到了90 年代末达到 42/10 万。为什么会上升得这么快？一是我们的燃煤、汽油、柴油的大量消耗，已是10 倍以上的增长，空气污染严重；二是吸烟的人数和吸烟的数量，都呈增高的趋势，这些都是主要原因。

地　点	男　性	女　性
印度孟买	14.5	3.7
秘鲁利马	15.9	6.3
上海	56.1	18.2
天津	55.9	37.0
加拿大	65.4	28.0
美国（白人）	61.3	33.8
英国英格兰威尔士	62.4	22.8
芬兰	54.3	8.2

■ 世界部分地区肺癌发病率估计 (1988~1992)　1/10万

我们再和上图所示的世界其他地区对比一下，孟买男性肺癌是 14.5/10 万，女性为 3.7/10 万，印度的男性为 15.9/10 万，女性为 6.3/10 万，加拿大、美国、英国、芬兰男性的肺癌为 50/10 万~60/10 万，而女性肺癌为 8/10 万~30/10 万。这些数据说明了一个问题：男性肺癌比女性肺癌的发病率要高 2~3 倍，其中的主要原因，就是男性吸烟比例高。

第二个反映出来的是发展中国家肺癌的发生率比较低，而发达国家发病率比较高，一般高出 1~2 倍。这是因为发展中国家在开始工业化的过程中，大量地使用化石能源，污染持续时间长；发达国家现在虽然空气质量比我们好，但是他们在几十年前受到的污染危害，特别是成人在儿童期受到的污染危害，对他以后发生肺癌埋下了祸根。

再有我们也看得出来，上海和天津肺癌的发病率比较高，已经快接近发达国家的水平。因为上海、天津、北京这些大城市，生产发展得很快，环境污染也非常严重。北京地区居民区夏季空气苯并[a]芘致癌物都是超标的，冬季超标得更严重。

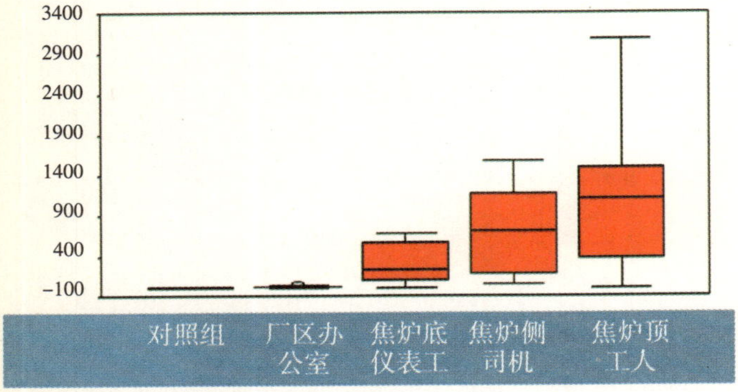

■ 空气苯并[a]芘职业暴露浓度比较（ng/m³）

左图是我们在鞍山所做的一个焦炉厂工人的空气苯并[a]芘职业暴露浓度比较，他们受到的苯并[a]芘的暴露量是对照组的125倍，所以他们肺癌的比例就比较高。国际卫生组织规定每人每天摄入苯并[a]芘在3微克以下是安全的，而他们平均在5~14微克，超标了1~2倍，所以对于焦炉厂工人来说，癌症会成为一个职业病。

对照组苯并[a]芘的摄入80%都来自于食品，特别是高温爆炒油炸食品，而从空气中摄入约占20%。焦化厂的工人苯并[a]芘的摄入95%来自空气的吸入，而来自于食品的比例相对只有5%。焦化厂癌症的死亡率，达到430/10万，肺癌达到140/10万，而一般的清洁对照区在10/10万以下。

除了室外环境外，室内空气苯并[a]芘的污染，与人群肺癌的死亡率呈正相关。污染物的浓度越高，肺癌的死亡率就越高。在室内用手提炉来采暖做饭时，煤燃烧释放出来的苯并[a]芘污染了房间，在家里都会受到污染的危害。我们做饭都喜欢用很热的油来炒菜，油在高温加热的状况下，也会产生苯并[a]芘致癌物，所以我们要改变我们的生活习惯。

室内烧烟煤污染严重，室外的空气受电厂、焦化厂、化工厂污染，都会引起肺癌。

还有一点就是遗传因素。我们在云南做的调查发现，肺癌病人的直系亲属患癌症的比例在20%以上，一般估计是1/3。而且当地老百姓已经有这样一个经验，如果这家人中有得肺癌的人，他家的女儿不太容易嫁出去，儿子不太容易娶到媳妇，因为有遗传，可能他将来会得癌症。

可能大家也有这样一个经验，比如说女同志得生殖系统癌症的，如乳腺癌、宫颈癌、卵巢癌，往往她的母亲或姥姥，或者她的阿姨也有得癌症的历史。譬如说我就调查到一户农民，他家有 7 个人，7 个人都得肺癌。他的父亲和叔叔得肺癌已经死了，他的 5 个兄弟姐妹得肺癌已经死了 3 个，还有两个是肺癌的晚期。这说明肺癌有家族的聚集性，就是说可能跟遗传基因有关系，现在正在研究究竟是什么遗传基因跟肺癌的高发有关系，以及将来能否通过基因的干预来治疗肺癌，找到一条治疗肺癌的新方法和新路子。

还有一个因素就是生活习惯或生活嗜好。譬如说吸烟、酗酒、生活不规律等；还比如像我们的工作场所有石英粉尘、石棉纤维的污染，这些都是危险因素。事实上，我们每个人每天都会通过食品，饮料和空气摄入这个致癌物。致癌物进入我们人体以后，它可以代谢，从尿液、汗液排出体外，这是我们能够避免得癌症很重要的一点。另一方面，如果我们的基因有问题，它就跟我们体内某些基因蛋白结合，累积在身体里，最后破坏我们的 DNA，使我们受到伤害。所以我们要保持强健的身体，提高免疫力，这样就可以将污染物从体内代谢出去。再加上合理的膳食，创造一个良好的生活环境，保持乐观积极的生活态度，那么，肺癌是可防可治的。现在癌症已被当做是一种多发病和常见病，所以得了这个病并不可怕，只要保持乐观的情绪，很好地治疗，也是可以痊愈的。

我们每个人每天都会通过食品，饮料和空气摄入这个致癌物。致癌物进入我们人体以后，它可以代谢，从尿液、汗液排出体外，这是我们能够避免得癌症很重要的一点。

前面提到的那个家庭中 7 个人得肺癌，我就亲自拜访了其中一位。他已经生活了 15 年，他讲述患肺癌的过程，就像说故事一样生动。他当时发现肺癌时已经是晚期了，云南省医院的大夫都说他的病没法治了，也不能做手术，可能活不过几个月了，结果北京的医疗队到那儿去工作，给他检查以后说做手术确有困难，因为面积扩展得比较大。北京的医生先给他进行放疗，把癌组织缩小，杀死癌细胞；缩小以后再来实行切除，最后成功切除了。

他现在已经活了15年了，所以癌症是常见病多发病，可防可治，患癌症并不意味着被判了死刑。

二噁英污染与危害

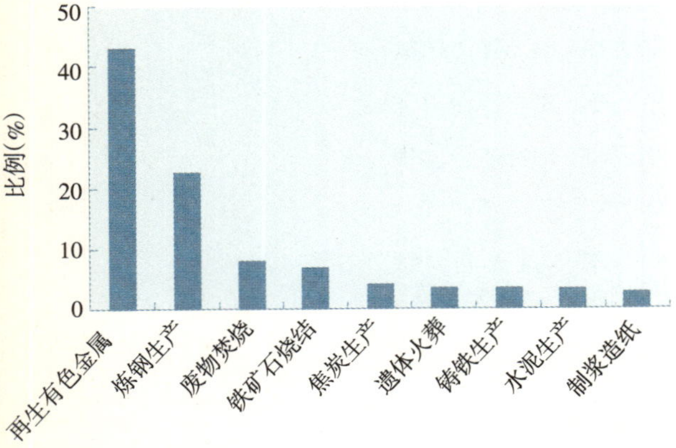

■ 各行业排放二噁英的比例

二噁英是一种很强的致癌物。它不是一个产品，而是一个工业和燃烧过程产生的副产物。调查表明，有17类工业行业会产生二噁英。如左图所示，第一是再生有色金属，第二是炼钢，第三是废物焚烧，第四是铁矿石烧结，第五是炼焦，第六是遗体火化，第七是铸铁生产，第八是水泥生产，第九是制浆造纸，然后还有其他的。前面九大类产生的二噁英的比例，占98.7%，垃圾焚烧占的比例是比较小的，过去大家对其他排放源不太了解，所以一见垃圾炉就觉得可能会致癌，所以就反对建垃圾炉。其实，垃圾围城和垃圾产生对空气、土壤和地下水的污染以及细菌病毒的传播，比二噁英危害更大，所以我们要把垃圾进行填埋。但我们没那么多地，而且垃圾围城对我们每个人的生命健康都有危害，所以最好的办法就是垃圾焚烧。焚烧可能产生二噁英，但是我们可以改变燃烧的条件，譬如说让烟气在炉子里停留的时间长一些，在冷却的时候，碱性介质也冷却，可大幅度减少二噁英的产生。

二噁英的排放强度较大的区域，是京津冀、长三角、珠三角这些经济发达的地区。总体来说，我国二噁英的排放量及浓度比发达国家低。因为我们的工业化开始不久，刚进入工业化的中期阶段。前几天我们在上海开会，问了一下中国台湾地区的垃圾处理情况，他们说垃圾99%都是焚烧。只要我们采取科学的措施，完全可以解决这个问题。

二噁英是一个强致癌物，曾经发生过一些二噁英污染事件。

二噁英的排放强度较大的区域，是京津冀、长三角、珠三角这些经济发达的地区。总体来说，我国二噁英的排放量及浓度比发达国家低。

譬如说越南战争的时候，美军使用落叶剂引起二噁英污染，后来当地人癌症高发，新生婴儿畸胎怪胎的较多，美国越战老兵妻子的流产率上升，子女先天性缺陷增加，为此美国政府对这些越战老兵赔偿了 1.8 亿美元。这说明二噁英对人体的危害是比较大的。

1976 年意大利一个工厂爆炸，引起二噁英扩散，180 人中毒，2000 人受到不良影响。事隔多年后，当地的新生婴儿中畸形率依然比较高。而且，对周围动物也造成影响，使动物的精子数量减少，睾丸畸形、子代异常。这说明二噁英也有生殖毒性。

二噁英的致死毒性、免疫毒性、致畸毒性、致癌毒性都是比较大的。但是我们生活在这个环境中，不可能不吸入二噁英。吸入的毒物可以通过你身体的生化反应进行代谢，把它排出体外。如果二噁英浓度太大、量太多，身体细胞受到损害修复不过来，那么就会产生严重的健康问题。

美国有一个关于一个人每日摄入二噁英量的调查，食物包括猪肉、牛肉、家禽蛋、牛奶、奶酪、黄油、鱼等，从食品里摄入的二噁英大约占95%，而从空气和环境当中摄入的只占 5%。所以我们既要考虑环境，又要考虑我们的食品安全。食品的加工和处理与污染，是值得注意的。虽然二噁英毒性大，但也是可防治的。各地在建垃圾焚烧炉来解决这个问题，钢厂、冶炼厂、铁厂、水泥厂，也都在想办法减少二噁英的产生量和排放量。比如纸浆造纸，它主

来源	日摄入量（皮克）	来源	日摄入量（皮克）
猪肉	12	奶酪、黄油	24
牛肉	37	鱼	7.8
家禽、蛋	17	空气	2.2
牛奶	18	环境	3.0
合计	121		

■ 美国关于每人每天二噁英摄入量的调查

要是用氯气漂白产生二噁英前体物可吸附卤素有机物。要阻止二噁英的生成，现在就不要用氯气漂白，而用过氧化氢这样的漂白剂，就可以不再产生二噁英。现在这方面的工程措施都在研究。

防治污染，保护环境，增进群众的健康就是提高我们的生活质量，这是我们工作的根本目的所在，也是促进经济社会可持续发展的必然选择。环境保护问题，说到底是一个经济的问题，是一个经济发展的水平问题。举一个例子来说，你没房子住的时候，能够居住就很不错了。但是现在，你就可能希望这个房子面积要大，周围的环境要好，要很安静，绿化要好等，你把环境质量摆到了很重要的位置。但是你穷困的时候，不可能把环境摆在重要的位置。我们在改革开放以前，所有吃的东西都是定量，即使你买到的米是陈米，也还得吃。现在陈米是不准上市卖的，连喂猪喂牛都不行，因为发霉以后产生的黄曲霉菌是一种致癌物，人吃了吃过陈米的猪、牛，致癌物就通过食物链进入人体，危害我们的健康。

节约与保护环境

保护环境，就是保护我们人类自己，就是使我们的子孙后代，能够健康地繁衍，而不会受到危害。所以环境保护大家要从我做起，节水、节电、节能、节约一切资源。我们中国人上饭馆吃饭，很多是公款吃喝，浪费非常严重。

现在我们说低碳经济，就是要减少能源的消耗和水的消耗。北京人大概一天平均要用 150 升水。其中有一部分水是从河北石家庄那边调来的，水的成本有 2~3 元。可是我了解那个地方的农民，一天只用十几升水。他们的一盆水洗完脸再洗脚、洗衣服，甚至再浇旁边的园子。

我们要节约每一滴水和每一度电。譬如说空调，我们离开房间时要把它关了；晚上天气凉了，可以把窗户打开通风，而不必开空调。我们在做空气污染与人体健康关系调查的时候，发现凡

是家里经常开空调的，呼吸系统发病率都比较高。因为室内的空气流通不好，新鲜空气少，所以发病率高。

现在这方面做得比较好的是人民大会堂。人民大会堂的空气为什么比较新鲜比较好呢，因为它每次空气循环的时候要换30%的新风。如果你家里关着门窗开空调，会感觉空气不新鲜，不舒服。

近几年北京的空气质量有了很大的改善，空气清洁，大家感觉到很舒服。如果冬天一个礼拜不刮大风，汽车尾气污染一天接一天，到最后就是昏天暗地的，大家感觉很不舒服，医院的病人就爆满。

答问

问题：我想问您一下，现在像北京这样的环境，从中国来看，算是好的还是中等的，或者是不好的？

回答：北京在环境保护方面投入的力量非常大，首钢搬了，焦化厂去掉了，东郊所有的化工厂全都没了，很多电厂也搬出去了。有很多清洁能源输入，三环、四环以内都不烧煤了，都用天然气了。北京这几年的空气质量有了很显著的改善，改善的速度还是比较快的。整个北京的环境质量在全国来看，算是较好的，我估计属于中上水平。北京在提高水质方面做得比较好。密云水库禁止网箱养鱼，禁止旅游，所以水库的水质一直保持得比较好。北京的水不够用，现在搞南水北调。恢复官厅水库作北京的水源，水库上游的张家口地区的污染工业大多都已经停掉，他们为保护北京水源做出了一些牺牲，北京应该对当地进行生态补偿。在张家口的张北县，建了一个北京的蔬菜基地，使那个地区的经济得到了发展。

北京周边省市的污染企业都关了，因为污染也会影响到北京。所以北京环境的改善是周边地区的大力支持，也是全市人民支持的结果。北京的环境质量达到全国的中上水平，我觉得很不简单。我们北京人口很多，城市建成区越摊越大。北京的汽车保有量的迅速增加，使汽车尾气污染会越来越凸显成为一个严重的问题。

当然，我们提出北京实行汽车的总量控制，这个不太容易通过，因为大家希望过现代化的生活，都希望买汽车。但是，最终我想可能会像日本东京一样，东京的汽车都是工作日不开，周末才开，或者买东西才开。

我们说环境是一个公共资源，这个公共资源人人都会享受，人人都要享受，污染以后，人人都会受害。所以对公共资源的保护，我们应该放在首位。

问题：魏院士您好！我想问一下环境污染会不会通过大气环流，还有水汽蒸发、空气的流动，导致全球的污染？

回答：肯定会这样。比如说我们一些农药和有害化学品污染通过大气环流，蒸发到空气当中，通过大气环流再扩散到南北极，南北极再一冷凝下来，沉积下来，南北极的冰川里头能够发现DDT、发现铅，在企鹅体内也发现这样一些物质，在珠穆朗玛峰上采样分析，也发现一些污染物，这些物质浓度比我们这儿低了很多。这些污染物会产生危害，但距离越远影响就越小，所以现在全球都在采取共同的行动，制订一些办法来控制污染。联合国有一个环境规划署，还有很多环境国际公约，都在致力于消除这些污染物质对食品污染和全球污染的影响。

钱易　**呵护好我们的“生命之源”**

——谈水资源/水环境的可持续管理

导读

水是生命之源，也是国民经济发展的重要战略资源。本文简介了我国水资源的自然特征，分析了我国水资源和水环境当前面临的三大问题，水资源短缺、水污染严重和洪涝灾害，并分别论述了对这三大问题应该采取的管理策略。主要包括：节约用水，加强需水管理；防治污染，加强源头控制；多渠道开源，加强对非传统水资源，如雨水、再生水等的利用；并改变防洪策略为尽量采取给洪水以出路并利用雨洪的策略。文章还简单介绍了国际上治理水污染的经验。指出水资源、水环境的可持续管理任重道远，为了经济、社会的可持续发展，必须为水资源、水环境的可持续管理付出艰苦不懈的努力。

钱易简介

1956年毕业于同济大学卫生工程系，1959年清华大学研究生毕业后留校任教至今。现任清华大学环境科学与工程系教授，博士生导师，清华大学学术委员会主任。1994年当选为中国工程院院士。曾任中国科协副主席，全国人大环境与资源保护委员会副主任，世界工程组织联合会副主席，国际科学联盟执委会委员，世界资源研究所顾问委员会委员等职。

数十年来致力于研究开发适合我国国情的高效、低耗废水处理新技术；对难降解有机物生物降解特性、处理机理及工艺技术进行了卓有成效的研究工作。曾先后荣获国家科技进步二等奖、三等奖；国家自然科学二等奖；国家技术发明三等奖。近年来致力于倡导和推行清洁生产、循环经济和可持续发展，在参与立法、提出政策建议和建立示范省市方面做了大量工作。主编或与他人合编主要著作12部，主要译著5部。先后在国内外期刊及学术会议上发表论文300余篇。曾应邀赴美国、荷兰、英国、香港多所大学进行讲学。

呵护好我们的“生命之源”

——谈水资源／水环境的可持续管理

水资源/水环境的可持续管理，是可持续发展的重要保障

水是生命之源，因此水资源和水环境的可持续管理十分重要。

让我们先讨论一下可持续发展战略的问题。众所周知，1992年举行的联合国环境与发展大会确定了可持续发展战略。10年之后，联合国在2002年举行的可持续发展高峰会议上，总结了实施可持续发展战略的成绩和问题。这个会议发表了一个政治宣言，承认1992年里约热内卢会议所确立的目标没有实现。它举了很多例子，包括政治方面的恐怖主义、集团犯罪和腐败、人类社会巨大的贫富差距、发达国家和发展中国家不断扩大的鸿沟，以及全球继续恶化的环境，如水、大气、土壤的污染，生物多样性不断地丧失，气候变化的影响等。这些问题都说明1992年制定的可持续发展战略目标并没有能够实现。

这次大会决定了今后加强可持续发展战略实施的六大重点行动。其中第一个重点是水与卫生，第二是能源，第三是医疗，第四是农业，第五是生物多样性，第六是贸易和财政。在水与卫生这个

重点中，卫生不是指医疗卫生的卫生，而是指卫生工程的卫生，就是怎么把废水、污水处理干净，原来专业上的名词叫卫生工程。

大会还承诺，到 2015 年，要把缺少卫生设备的人口减少一半，把无法取得安全饮用水的人口减少一半。在这个会上还成立了一个联合国可持续发展委员会。2004 年 4 月，该委员会在纽约召开会议，讨论的主题又是水和卫生，还有人居环境。

我说这些是为了说明，水的问题是一个全球所瞩目的大问题。全球饮用水的水质问题非常突出，全球有一半以上的饮用水不合格。大概有 8.84 亿人口得不到安全的饮用水，有 26 亿的人口还缺乏安全的饮用水卫生设施。所以，每年因为水污染造成的致病事件就造成约 2000 万人死亡。中国至少有 1 亿城市人口、3.2 亿农村人口饮用水不够安全。

我国面临的水问题

> 全球饮用水的水质问题非常突出，全球有一半以上的饮用水不合格。大概有 8.84 亿人口得不到安全的饮用水，有 26 亿的人口还缺乏安全的饮用水卫生设施。

我国面临的水问题有哪些呢？可以概括地说，我们正面临着三大问题：第一大问题是水太多，即洪涝灾害，我国南方很多省份洪涝灾害很严重；第二大问题就是水太少，北方一些省份的旱灾严重，农作物受到旱灾影响要减产；第三个问题，就是水太脏，水污染严重。这三个问题共同造成了我国严重的水危机。这是可持续发展的重大制约因素。

1. 我国水资源的基本情况

我国水资源的自然状况并不尽如人意。我国多年平均降水总量还可以，但是由于人口众多，1997 年每人平均只有 2220 立方米的水，我国的人均水资源拥有量只是世界人均水资源的 1/4。到 2030 年预计人口要增长到 16 亿，那个时候每人的平均水资源量只有 1760 立方米。而国际上公认的一个标准是水资源少于每人 1700 立方米就是用水紧张国家。所以，从人均水资源的状况来看，我国不久的将来就要变成一个用水紧张的国家。

人均水资源拥有量只是一方面，同时还要看到水资源分布的不均匀。我国的特点是地域广阔，从东南到西北，水资源分布得非常不均匀。在时间上分布的也不均匀，夏天的时候降雨很多，是洪水的季节；而到冬季、春季的时候，则干旱严重。

我国现在有 5.5 亿人口生活在水资源极度匮乏的地区。669 个城市里有 400 个城市面临缺水，110 个城市缺水严重。黄河、淮河、海河三个流域是我国七大江河流域中间三个很重要的流域，这三个流域的耕地面积占全国的 39%，人口占全国的 35%，GDP 占全国的 32%，但是这三个流域的水资源，只占了全国的 7.7%。

我国现在有 5.5 亿人口生活在水资源极度匮乏的地区。669 个城市里有 400 个城市面临缺水，110 个城市缺水严重。

我国东南地区水多，西北地区水少。现在因为全球气候的变化，造成很多极端气候现象，形成了更多的灾害。2009 年的冬天，我国北方暴风雪肆虐，黄河的水位涨到危险的程度；2009 年 9 月以后，西南部这些富水的、本来水分并不太缺少的地区，如云南、贵州、广西、重庆、四川这些省市，都遭遇了百年一遇的特大干旱，最干旱的地区降水量减少了 90%，主要河流的水位都降到了历史的最低点。而 2010 年 4~5 月，重庆、四川，广西、福建、浙江又遇到了特大暴雨，形成洪涝灾害。

2. 洪涝灾害

洪灾的形成和危害，当然首先是气候的原因，有的时候雨多有的时候雨少。但是洪灾与无序地开发江河的冲积平原，缩小了洪水宣泄和调节的空间也有关系。本来宽阔的河床有很大的面积可以在洪水来的时候泄洪，但是现在河漫滩上开辟了大片农田，甚至修筑了建筑物，而且不断地修筑堤防，来防止洪水侵入旁边的土地和城市，而有时候堤防溃决就造成洪灾。

3. 水资源短缺

刚才已经讲到，我国人均水资源只有世界平均水资源的1/4，在缺水地区的人均水资源就更少。比如北京的人均水资源，是全国人均水资源的 1/7 到 1/8。所以，北京的人均水资源约是世界人均水资源的1/30，水资源短缺非常严重。

水少使全国受旱的面积达到1~3亿亩。还应该看到，在水资源缺乏的同时，我国水资源的利用效率还很低下。农业灌溉的用水效率方面，世界上的先进水平是0.7~0.8，但是我国只有0.45；工业用水的重复利用率、循环利用率，世界先进水平是75%~85%，我国只有30%~40%。城市用水中也有很多问题，如城市自来水管网的漏泄率，世界先进水平漏泄率小于10%，很多国家甚至小于5%，但是我国管网的漏泄率大于20%。甚至有一些城市，管网的漏水率达到45%之多。这种情形造成的浪费是非常可怕的，它不仅浪费了水资源，还浪费了能源和资源。因为我们要花很多的能源，花很多的钱来生产和输送自来水，结果20%~45%的水都漏掉了。当然，漏掉的水还是会漏到地下水层去，但是我们所花的工夫和能源都浪费掉了。

我们要花很多的能源，花很多的钱来生产和输送自来水，结果20%~45%的水都漏掉了。

4. 水环境污染

按照国家的环境标准，一般根据水质的好坏及其适用性把水分成五类。现在因为水质不好、污染严重，所以在五类之外又多出来一个劣五类。一类水是最好的水，就是国家自然保护区的水，或者是水源头的水。二类水还是很好的水，可以做饮用水的一级保护区，可以做珍稀水生生物的栖息地、鱼虾类的产卵场、仔禽幼鱼的索饵场。三类水还算可以，适用于作集中式生活饮用水的水源、水源地的二级保护区、鱼虾类的越冬场、水产养殖区等渔业水域和游泳区。人是可以接触这三类水的。四类水就受到了轻度污染，只能做工业用水的水源，人不应该下去游泳，不应该跟它直接接触。五类水受到的污染就更严重了，只能够用作农业用水，或用作一般景观用水，人也不能直接接触。劣五类水，就是我们经常看到的又黑又臭，甚至于五颜六色的水，丧失了一切使用功能，完全不能接触的水。

按照这个水质标准的分类，我们来看看2008年我国七大水系的水质分布情况：现在一类到三类的水只有55%了，四类到五类的水是 24.2%，劣五类的水已经高达 20.8%。这个比例是很惊人的。这么多四类、五类和劣五类的水，都达不到饮用水源的水质标准。大家设想一下，这些水有没有人还在拿它做水源？肯定有，所以对健康肯定有很大的危害。

江河湖海，包括地下水，为什么会受到各种各样的污染呢？主要有三个方面的污染源：一是工业废水，二是城市废水，第三个就是农业的面源污染。之所以叫它面源污染，就是说它不是集中排放，而是在大面积上分散地排放。

左边的两张照片是 2001 年河北省的记者拍的。（上图）是滦河水，水发红发黑，已经是完全劣五类水质。（下图）是被造纸废水所污染的一条河流，带着大量的白色泡沫。

■ 我国严重的水污染

水体中主要的污染物有哪些呢？首先是病原微生物，包括病毒，会致病。其次是有机物，包括蛋白质、脂肪、碳水化合物等天然的有机物，以及工业废水中排放的各种有机物。还有氨氮和磷这些营养物质，虽然农作物需要它们作为营养，但是排放到江河湖海里，就会引起一种污染，叫做富营养污染。营养太多了，湖泊、海洋里的藻类会大量繁殖，就像太湖发生过的事故一样。还有石油类的物质，重金属类的物质（包括汞、铬、镉等）。最后还有最近大家非常关注的一些化学工业生产出来的持久性有机物，它们在工业上有很多用途，但是

不容易分解，会在环境和人体内积累，造成致癌、致畸、致突变等健康危害。

持久性有机物是当前国际上非常关注的一类污染物，它们的化学结构十分稳固，不容易被分解，容易在环境中转移，进入人体后对健康有很严重的危害。下表所列是国际条约中禁止生产和使用的第一批持久性有机污染物。

国际禁用的12种持久性有机污染物（POPs）	
八种农药：	**两种工业化学品：**
艾氏剂（引起肝功能障碍，致癌）	六氯苯（影响人的肝脏）
氯丹（致癌）	多氯联苯（致癌）
狄氏剂（引起肝功能障碍，致癌）	
异狄氏齐（妨碍发育，致癌）	**两种燃烧或工业副产品：**
七氯（影响人的生殖器官，致癌）	多氯二苯并二噁英
灭蚊灵（致癌）	多氯二苯并呋喃
毒杀芳（致癌）	（都是剧毒物质，致癌）
滴滴涕（影响人的肝脏，致癌）	

12 种持久性有机物中有 8 种是农药，两种工业化学品，两种燃烧或者工业副产品。如多氯联苯、二噁英都是致癌的物质。

持久性有机物会通过环境介质，特别是通过大气长距离地输送。这种输送的过程又叫蒸馏效应，或者叫蚱蜢跳效应，就是它会从一些工业源排放出来以后飞到很远的距离。所以在南极北极，我们都已经发现了这种持久性的有机物。

持久性有机物会通过环境介质，特别是通过大气长距离地输送。这种输送的过程又叫蒸馏效应，或者叫蚱蜢跳效应，就是它会从一些工业源排放出来以后飞到很远的距离。

持久性有机物对于人和动物，有急性毒性、免疫毒性、内分泌干扰的毒性、生殖与发育毒性、致癌毒性、神经与行为毒性等。

除了我们平常注意到的水污染以外，近来污染事故也很多。现在全国每年要发生的污染事故超过 500 件，所以给人的感觉就是不断地出现大大小小的污染事故。我们记忆犹新的有 2005 年吉林化工公司引发的松花江污染事故，2007 年太湖的蓝藻暴发。这些事故都造成了饮用水源不安全，自来水厂只能临时关闭并采取紧急措施保证供水安全，显然，它们危及了人民的健康安全，造成了严重的经济损失。

水污染造成很多的危害，包括传染病的流行。有机物污染造成的细菌繁殖、溶解氧被消耗，鱼类和水生生物死亡，甚至使河水变黑发臭。2009 年中国的报纸上报道了三次大事件：一次是陕西凤翔县铅锌冶炼厂的附近有儿童铅中毒；第二次是湖南浏阳市镇头镇镉污染导致数人死亡几百人中毒；第三个事件是湖南武冈市电解精炼锰厂导致 1300 多名儿童铅中毒。

水污染除了危害人体健康以外，还造成很多经济损失，比如说农业减产、工业的产品质量下降，还有其他的很多问题。

受到严重污染的地下水

地下水问题也不容忽视。我国地下水主要面临两个问题，一个问题是地下水的过度开采，造成地下水水位大幅度下降。在很多城市，地下水水位的下降还造成地面沉陷、海水入侵。还有一个问题就是地下水的污染，主要表现在硬度的增加、硝酸盐浓度的上升，还有就是重金属、持久性有机物的污染增加。左图是一张河北省的记者拍的照片，可以看到从地下打出来的水是红色的，原因是地下水受到一个染料化工厂的污染。地下水水质的修复，比地面水还要困难，因为我们看不见、摸不着。

造成严重的水污染的原因，主要有以下几个：首先是对于环境保护与可持续发展的认识不够，采用的经济结构和发展的模式还是粗放型的，只注意 GDP 的数量，不注意 GDP 的质量；只注意增加经济收入，不注意对环境的影响和资源的影响。我国工业废水、城市废水还有其他各种污水的处理率都偏低，大量的污水、废水直接排放，农业面源污染基本上还没有得到控制。农田用了大量的化肥农药，所以一下雨就夹带大量的氮磷流到各种水体中去。另外，农村的垃圾随便堆放也造成水污染，因为很多垃圾就堆放在河边。再者，中国经济发展速度很快，近 30 多年走过了工业发达国家 100 多年的道路。这 30 多年里出现的环境问题，也相当于别人100多年出现的环境问题。再就是资金投入严重不足，水污染控制执法不严、策略不当。现在工业企业界有一句话，说环境保护“执法成本高，违法成本低”。这句话反映了现实状况，但是完全没有法制观念。因为它要执法就要花工夫去减少废水的排放，处理废水要花钱，所以说成本高；而为什么违法成本低呢？它可以逃过检查，违法操作，而且即使被检查到，罚几万块钱对它来说成本很低。这也说明我们现在的执法问题很多。

右图所示的一张照片很说明问题。这是一个小型的乡镇企业，门口挂了“发展才是硬道理”的大字标语。大家都知道这句话是邓小平同志讲的，就是因为邓小平同志提倡改革开放，提倡发展才是硬道理，我们国家的生产力才得到了飞速的发展。但是邓小平同志讲的发展才是硬道理，并没有说你可以污染环境。而这位记者拍到的这张照片，正好是这个工厂在排放大量的废水，造成工厂前面的这一条河脏得很厉害，五颜六色的。所以这位记者写了一个非常好的评语，他说：“污染环境没道理。”我相信邓小平同志如果还健在的话，一定会同意我们把他的话稍微地修正一下，把“发展才是硬道理”改成“可持续发展才是硬道理”。就是我们既要发展经济，又要保护环境，要建设一个资源节约环境友好型的社会，要考虑到我们的子孙后代。

■ 乡镇企业门前受到严重污染的小河

这位记者写了一个非常好的评语，他说：“污染环境没道理。”我相信邓小平同志如果还健在的话，一定会同意我们把他的话稍微地修正一下，把“发展才是硬道理”改成“可持续发展才是硬道理”。

水资源/水环境的可持续管理

要战胜我们现在面临的水危机，就必须改变水资源、水环境的管理战略，实施水资源、水环境的可持续管理，下面就针对水危机的三大问题来讨论。

1. 针对洪灾的管理战略

首先，我们要彻底转变指导思想，就是要变抗洪为与洪水和谐相处，利用洪水资源。这是中国工程院在实施水资源可持续管理的一个重大项目后，一致提出来的观点。要认识到洪水是一种自然现象，有的时候下雨多，就要有洪水，我们应留出足够的行洪、蓄洪和泄洪的空间，要让洪水有出路。

比如说长江，原来是很宽的江面，平常没有洪水的时候，只走中间那条深的河道，旁边都是河漫滩；等到洪水来的时候这个河漫滩就是蓄洪、行洪、泄洪的空间。但是，现在我们把这个河漫滩都利用起来了，建房子、垦耕地，修了很多堤防，这样一来的话，洪水就没有出路了。中国工程院的报告指出，我国的堤防系统已经达到了 25 万千米的规模，不宜再增建和加高，应该采取措施，蓄积洪水、利用洪水资源。怎样蓄积洪水并利用洪水资源呢？

中国工程院的报告指出，我国的堤防系统已经达到了 25 万千米的规模，不宜再增建和加高，应该采取措施，蓄积洪水、利用洪水资源。

有一个例子。美国加州科恩县提出了“水银行”的概念，就是实现地面水和地下水的联合调度与管理。美国加州也是一个缺水的地方，它建了很多工程，在雨季或者丰水年的时候，把地面水通过一些渗透层或者井，送到地下去。这样，既可以灌到浅层地下水，也可以灌到深层地下水——就是隔了不透水层的地下水，储存在那儿，以便干旱季节使用。

实施“水银行”后，科恩县的洪水有了出路，地下水的水位逐渐地上升。

谈到洪水的出路，我要讲一下最近城市里经常出现的一种现象，就是不大的降雨会造成很重的灾害。这说明我们城市的雨水排除系统非常薄弱。我们的城市在进行公共基础设施建设时，注意地面不注意地下，地面的公路、桥梁、立交桥都修得很好，但是地下的管子修得很差。此外还有地下的自来水管可能修得很好，但污水管修得很差，甚至于很多地方污水管网的建设远远落后于污水处理厂的建设，建成了污水处理厂却收集不到污水，造成污水处理厂不能发挥作用的严重浪费。对雨水管道的建设就更不重视了，如果按照设计标准建造城市雨水道，一般城市的雨水道应该至少要按

50 年一遇的大雨来设计。像北京这样的大城市，就应该要按百年一遇的大雨来设计。也就是说，一般的降雨是不会造成积水的。但是现在，北京下雨后立交桥下边的积水现象很严重。还有一些城市，一下雨街道就几乎变成了小河，汽车一半都淹没在水里，这说明排水系统太糟糕了。

2. 针对水资源短缺的管理战略

主要的战略应该是提倡节约用水，大力加强需水管理。要变供水管理为需水管理，要管理各个用水部门到底需要不需要这么多水。提倡节约用水要改变一些观念，第一，不能错误地认为，经济发达了用水量一定会增加；第二，也不要错误地认为生活水平提高了，用水量一定会增加，不是说你越有钱你就可以越多地用水，因为水资源短缺；第三，不能认为在水资源相对丰富的地区，可以不要节约用水，因为你多用水就多产生污水和废水，就会多浪费能源，多排放二氧化碳，造成气候变化。所以，农业、工业、生活都要节约用水，节水的潜力非常大。

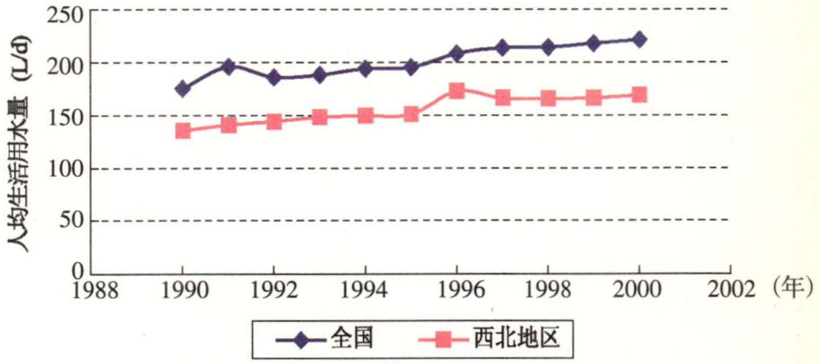

■ 人均生活用水量变化

右图所示为我国及我国西北地区人均生活用水量的变化趋势。由图可见，从 1990~2000 年的 10 年间，虽然我国城市化水平和人民生活水平有了很大提高，但人均生活用水量增加不多。但是也应该看到，目前的人均用水量高于每人每天 200 升，节水潜力还是有的。

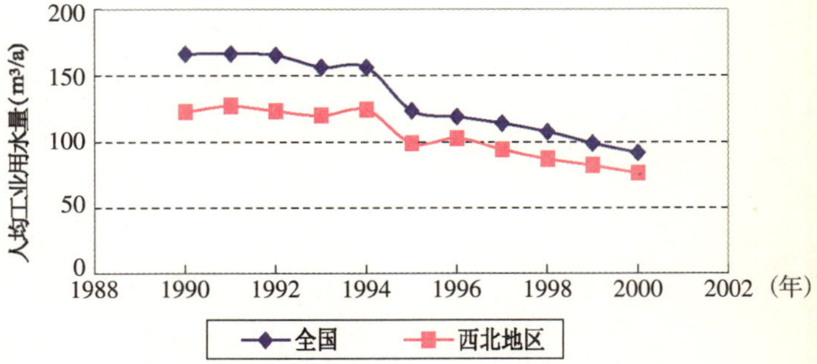

■ 人均工业用水量变化

另外，由右图所示为我国及我国西北地区人均工业用水量变化曲线可见，虽然一段时间内我国工业有了很大的发展，但人均工业用水量却有了明显的降低，这一方面是由于我国人口的增加，同时也是由于工业节水取得了很大的成绩。

节约用水的主要途径有：工农业的结构调整，清洁生活和节水灌溉技术的推行，节水器具的推广，水价政策的调整和经济激励政策，宣传教育和世界风尚的形成等。北京市的农业灌溉用水量自 1980 年以来持续减少，主要原因是调整了农业结构，大大减少了水稻种植面积。“十五”期间河北省 GDP 年均增长 10%，用水量却实现了零增长，主要原因除了减少水稻种植面积以外，还有节水器具的推广应用，领导和公众的节水意识都大大加强。

节约用水可以获得三大效应：第一是缓解水资源短缺的紧张；第二是减少污水废水的排放量，减轻对水环境的污染；第三是减少能源的消耗量，减少二氧化碳的排放量，有利于缓解气候变暖。所以，不管是在水资源丰富的地方，还是在水资源短缺的地方，都应该节约用水。节约用水不是说不考虑发展单纯地少用水，而是说要减少浪费，要提高用水的效率，用有限的水来促进更好的发展。

在节约用水的同时，我们还要开发利用非传统的水资源。传统的水资源，主要是地表水和地下水，我们过去只知道开发利用传统的水资源，情况往往是这样：地表水不够了就开采地下水，本地水不够了就远距离地去调水。远距离调水的成本一般很高，所以我们要提倡开发非传统的水资源，什么是非传统的水资源呢？上面讲到的雨、洪水就是一种应该利用的非传统水资源。

如前所述，美国加州科恩县建立了“水银行”，对地面水和地下水进行统一管理，在雨洪季节给了雨洪水一个出路，让它到地下去，到旱季的时候把它拿出来使用。他们的经验告诉我们，地面水和地下水的联合调度，可以大大提高水资源的利用效率，缓解缺水的矛盾。

这种“水银行”与真正的银行一样，有存进，有支出，每个人每个工厂，都有用水的指标。即确定了各个工厂一年的用水量标准，假如今年用水量比用水指标少的话，那么它就会给你在水银行里存上一笔，在需要的时候可以适当地多用一点水。

我国也有一些雨水利用的成功例子。右图所示是河北省农田旁边的雨水窖。有很多地方在房屋和居住区收集雨水，用屋顶收集来的雨水冲洗厕所，用居住区收集来的雨水供小区的绿化、清扫、洗车及水塘补充水之用。北京有两个成功的例子，一个是老城区的某居住区，雨水收集以后回灌地下；还有一个是新建成的小区，收集雨水灌溉绿地。现在测算，北京市雨水可以利用的潜力达到每年3亿立方米。虽然北京的雨水不多，但还是一个很大的资源。

河北省农田边的雨水窖

经过妥善处理的废水、污水，又被称为再生水，也是很有利用价值的非传统水资源。利用再生水既增加了水源又消除了污染，可以说是一箭双雕，而且它不受气候条件影响，任何时候都有污水可以再生处理，所以是一个稳定的水资源。再生水可以用作工业冷却水、农业灌溉水、城市绿化水和景观用水等。美国加州很多污水处理厂把再生了的“废水”也送到地下去存入“水银行”，在旱季的时候和缺水的年份把地下水抽出来使用。

利用再生水既增加了水源又消除了污染，可以说是一箭双雕，而且它不受气候条件影响，任何时候都有污水可以再生处理，所以是一个稳定的水资源。

现在已经有很多国家、很多城市利用污水再生以后的水，以色列城市废水的回用率已经达到90%以上。美国加州把废水处理厂叫做废水再生厂，就是让它再生成为有用的水资源。新加坡发明了一个新名词叫“新水”。什么是“新水”？就是污水处理厂处理干净后可以直接供给居民使用的水，他们甚至还处理到可以直接饮用的水平。我一般不太赞成直接处理到饮用水的水平，因为再生水可以用于农业灌溉、城市草地灌溉、城市道路清洗等，可以耗费较少的成本达到减少水资源消耗的目的。

此外，非传统水资源还包括海水，在沿海缺水地区可以利用海水。近年来海水淡化技术发展得很快，海水淡化成本显著降低，而且还有希望再降低。另外也有气象学家提出，空中水也是非传统的水资源。有的时候在合适的气象条件下，只要打一个化学弹上去，就可以促进下雨。总之，开发非传统的水资源非常重要。

有气象学家提出，空中水也是非传统的水资源。有的时候在合适的气象条件下，只要打一个化学弹上去，就可以促进下雨。总之，开发非传统的水资源非常重要。

3. 针对水污染的管理战略

为了防治水污染，当然不能任意排放废水污水，也不能只是讲污水处理废水处理。一定要在源头控制，减少污染的排放量，同时加强治理和修复。

水污染的源头控制最关键的就是要改变发展模式，实施科学发展观，加快产业结构的调整，推行清洁生产，削减主要污染物的产生总量。事实证明，通过进行产品的生态设计，改革生产工艺，更新生产设备，加强生产管理，多采用循环用水和重复用水的系统，工业废水和其中污染物的产生量就可以大大减少：既可以减轻水污染的负荷，也可以大大提高资源的利用率。现在西方国家和日本已经提出了向零排放进军的口号，这是很高的要求。

以下是关于源头控制和污水处理的一些情景分析。

提高城市废水处理率的效果预测				
年份	1997	2010	2030	2050
城市废水处理率（%）	13.4	50	80	95
直接排放的废水量（亿立方米/年）	390	320	170	54
废水排放的 COD 量（百万吨/年）	14.37	15.04	14.11	14.20
COD 排放相对量	1	1.05	0.98	0.00

我国城市水环境状况在 2010 年还会有一定程度的恶化，至 2030 年、2050 年也还不能得到好转；除城市废水处理外，还必须采取其他措施。

由上表可见，1997~2050 年，城市的人口会不断地增加，城市的用水量也因此会不断地增加。虽然我们保持人均综合用水量有所降低，但总的用水量还是要增加，所以城市的污水量还要增加，因此我们必须要提高城市污水处理率。现在全国的城市污水处理率大概只有 50%左右，北京已经达到 80%左右，但是要注意到处理后的水中还带有一定的污染物质。以有机污染物的指标 COD 来计算，可以发现：虽然城市污水处理率提高很多，但是由于污水量的增加，城市污水处理厂去除的 COD 只是 80%多，还有大量的 COD 要排放出去，因此最后排放出来的 COD 还和原来差不多。因此，除了城市污水处理以外，还必须采取其他措施，比如加强对工业废水污染的防治。

我们国家在“十一五”期间，要求污水、废水中的COD排放量减少10%，这是一个很好的指标，但还是不够，我们对于有毒有害的污染物还应该提出更严格的要求。工业节水减污的潜力很大，一些工业发达国家已经实现了工业污染排放的零增长、负增长——就是GDP在增长，但是污染物排放在减少。

我们也有一些好的例子。太钢1990年以前，每生产1吨钢的新水用量是30立方米，1999年用23立方米，现在只用到7.3立方米。可以看到它节约用水、减少废水排放的成绩很显著。但是需要说明一下，太钢的每吨钢用水量在全国钢铁工业中处于平均水平，还不是先进水平，上海宝钢每产1吨钢只用3.5立方米的水，废水排放量因此更少。假如全国的钢铁企业，都能够提高到宝钢的水平，那我们节约用水、减少污染的潜力就挖掘出来了。

提高城市污水处理率和回用率，当然是控制水污染必要的措施，同时还必须尽快地着手进行面源污染源的防治，还要加强对于受污染水体的修复，恢复水体的清澈。最后最关键的，是要确保饮用水的安全供给。

提高城市污水处理率和回用率，当然是控制水污染必要的措施，同时还必须尽快地着手进行面源污染源的防治，还要加强对于受污染水体的修复，恢复水体的清澈。最后最关键的，是要确保饮用水的安全供给。

关于污水、废水处理的技术，虽然西方国家的污水处理已经进行了100多年，但是我们国家应该发展高效低耗，符合生态原理，适合中国国情的污水、废水处理的技术。我们常用的技术有物理技术、化学技术和生物技术，包括好氧生物处理技术和厌氧生物处理技术，各种不同技术结合起来成为针对某种污水或废水的处理流程。污水处理过程中还要产生污泥，污泥既是污染物，同时又是能源和肥源，需要处理和利用。

天然条件下的废水净化工艺

适用于中国的高效、低耗污水处理技术很多，例如右图所示天然条件下的生物处理技术，下图所示两种厌氧生物工艺处理技术，都是节能节电甚至可以回收能源、资源的技术。为了使水处理后的再生水满足回用的要求，我们也要发展一些新型的生物处理技术和膜技术等，如高效分离技术及其生物处理的结合。

■ 升流式厌氧污泥床（UASB）

■ 厌氧颗粒污泥膨胀床（EGSB）

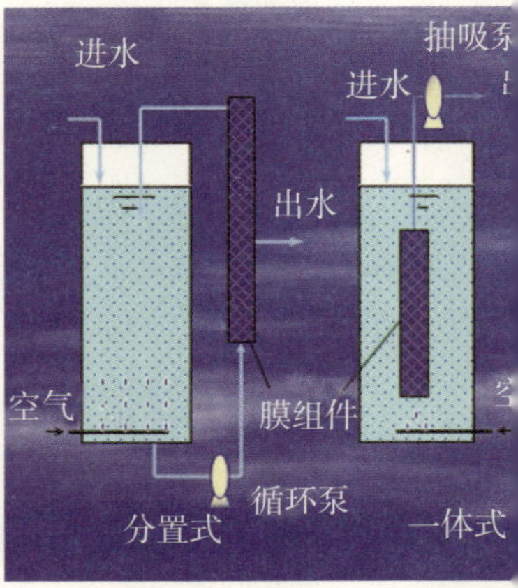

■ 高效分离技术及其与生物处理的结合

厌氧生物处理装置不需要供给氧，在没有氧的条件下利用微生物来分解有机物，把有机物分解成为可以作为燃料来燃烧的甲烷气体，即把废水变成能源。现在世界上已经有很多厌氧生物处理的处理厂。膜分离技术与生物处理结合的水处理系统，是通过生物处理把有机物变成二氧化碳和水，然后通过膜分离把生长的污泥（微生物）与水分离，最后出来的水就是再生水，可以有很多用途。

我们还需要研究一些针对特殊问题的废水处理技术，如持久性有机物很难处理，需要研究一些高新的生物技术或者化学技术。我们千万不能忽略污水处理过程中产生的污泥的处理和利用。对污泥进行厌氧消化可以回收能源和肥料，这是很好的处理工艺。

再生水回用要特别注意水质的管理和控制，假如废水没有处理干净，回用就会造成健康风险。即处理工艺如果不恰当，产生一些化学物质，如加氯消毒以后，产生一些氯代有机物，往往具有很大的健康危害，会造成很多人体的疾病，内分泌的紊乱、雌激素的减少等。另外，再生水回用还要有适当的政策来支持，假如水价政策不合适，工业用户就不愿意用。

下图是荷兰专家提出的城市污水处理新系统。由图可见，通过各种技术，污水中的能源、肥源和其他有用物质都可以回收利用。

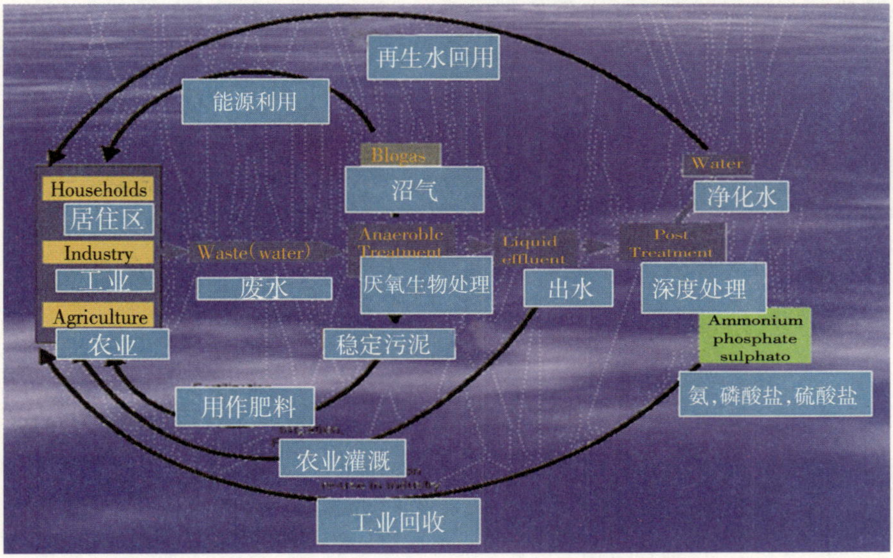

■ 城市污水处理新系统（荷兰 Wageningen 模式）

我们还要加强对于面源污染的控制。面源污染就是农村在大面积上排出的污水，包括农田径流、畜禽养殖业废水和农村生活污水，还有生活垃圾、水土流失夹带的污染物等。它的贡献率不应低估，因为农村的面积很大，特别是农田利用过量的化肥、农药造成的污染，现在还没有采取有效的措施，应该同生态农业建设相结合，加快控制。首先要合理地使用化肥和农药，减少氮磷的污染；然后要好好地收集并且综合利用农村废弃物。中国有一个特色，就是农村的小型沼气池，沼气池的原料就是农村的各种废弃物，畜禽养殖业的废弃物、家庭的废弃物、农田的废弃物，通过厌氧消化，产生的沼气供给农民点灯、做饭，解决了农村的能源问题。中国现在已经有 3000 多万座小型沼气池，是全世界第一。当然，其中有一部分运行得不够好，还需要加强管理，加强技术支持。

处理生活污水的复合生态系统

左图是处理农村生活污水的一个生态系统，它利用的是地表的湿地，还有潜流式的湿地、沉淀池、生态床。这种系统的COD、总氮、总磷去除率都很高。也可以利用地下渗流系统，上面可以种地，地下渗流系统实际上又起到了灌溉的作用。

水污染防治、水环境保护的重要一环是加强饮用水安全的管理，要保护饮用水的水源地，要控制病原菌和致病的微生物，要控制微量的有机污染物，要控制藻类和藻毒素，要控制有害的无机物，然后要运用安全的消毒技术。我们最常用的消毒技术就是加氯，但是因为现在合成有机物太多，所以一加氯就变成氯代有机物，而氯代有机物的危害比原来的有机物还要厉害，所以要研究安全的消毒技术，如采用紫外线或臭氧来代替氯，或者跟氯共用，也要防止自来水管里的二次污染。

现在市场上的矿泉水、瓶装水很多，这个市场的安全管理也非常重要，有一些不法商家用普通的自来水，装在矿泉水瓶里出售，这就有问题。加强饮用水水质管理，是各国都在做的。美国1987年修改了清洁水的法令，把水环境质量标准从53项增加到94项，1999年又增加到165项。我们中国的饮用水水质标准在2006年有一次修改，从原来的35项增加到106项，那都是为了提高饮用水的安全标准。

国外水污染防治的实例

水污染问题不是中国特有的，国外也有。国外有4个河湖的水污染及其防治很著名。

首先是泰晤士河。泰晤士河是英国伦敦的一条很著名的河流，它出现过两次污染，已经治理了上百年。泰晤士河从源头到伦敦大桥全长 250 千米，附近的工业、农业、畜牧业都非常发达。从 1800 年开始，它就出现了污染的问题，河水臭气熏天，甚至于在泰晤士河旁边的国会大厦开会，都闻得到泰晤士河的臭气。伦敦还发生了很多次霍乱，大量人口死亡。

1847 年英国开始治理泰晤士河，这是第一次水污染治理。伦敦成立了专门委员会，建设了污水处理厂，加强了水质监测等，做了很多工作。到 1893 年，经过将近 50 年的时间，泰晤士河的水质有了明显的改善。但是，1900~1950 年，因为工业的迅速发展，泰晤士河又发生了第二次污染，水质恶化又非常严重，为此又扩建、新建了大批污水处理厂，并制定了严格的法规。

最大的一个污水处理厂位于泰晤士河的一条支流的河口，日处理水量是 114 万立方米。还在泰晤士河里安装了很多鼓风曝气的装置。1955~1980 年，泰晤士河污染负荷明显降低。1990 年以后报道，泰晤士河出现的鱼类种类已经到了 100 多种。可以看到，从1800 年开始到现在，泰晤士河已经有 200 多年的治理历史。

多瑙河污染的治理也是一个具体的实例，多瑙河是一条跨国的河流，流经 9 个国家，牵扯到的人口很多。它的主要问题是富营养化、有机物及重金属污染等。2000 年还出了一次大事故：罗马尼亚有一个金矿，大量的氰化物泄入多瑙河，情况非常紧急。因为牵扯到多个国家，多瑙河污染的治理比较复杂。通过制定流域各国都要遵守的法规和标准、建立环境保护的基金并编制计划，各国共同努力、协调合作，取得了一定的成果。但 1998 年的测定表明，水质还没有改善到理想的程度，还在恶化。

欧洲跨国河流多瑙河

第三个例子是日本的琵琶湖，其水污染也很严重，主要是富营养污染，影响到旅游业、渔业。琵琶湖的水质从1930年透明度大于10米，到1950年开始逐渐恶化，最后透明度降低到小于4米，进入富营养化的状态，1983年绿藻爆发。日本对各种污染源进行了分析，采取了很多的措施，包括制定法律、建设污水处理厂、管理工业废水、削减农田的污染，还有清理湖底的淤泥，最后水质得到了明显的改善，但是还没有达到预定的目标。

伊利湖

最后一个例子是伊利湖。伊利湖在美国和加拿大的交界处，本来资源很丰富，景色很幽美，两岸都是很发达的地区。但在1960~1970年，水质严重污染，被称为北美的死海，有人说这里的水用来浇地太浓，用来耕种又太稀。因此两个国家联合起来，进行全面整治，花了很大的力气，至今污染负荷已经大大地减少，但有害污染物仍存在。

水资源管理和水污染防治不是一项简单的工作，可以说水资源和水环境的可持续管理任重道远。我们不能只重视GDP的增长，而忽视水环境水资源的保护。要有正确的法规标准管理策略，要研究开发先进的科学技术，要严格执法、坚持原则，永不放弃。可持续发展不是梦，要用水资源/水环境的可持续管理，来促进可持续发展。

答　问

问题：老师您好，我知道北京市地下有200米厚的沙层，如果有污水渗入，它能传播多远？因为北京市周边有400个垃圾场，真正好的垃圾场没几个，大部分都是一些深坑，所以肯定会产生污染。现在有没有这方面的研究呢，就是水在地下的污染能传播多远？

回答：这个确切的数字，我没有办法讲清楚。地下水不断地在流动，流速很慢，从理论上讲，它可以流到任何地方去。地下水最后或者是流到河里，或者是流到海里。假如有污染物质随着污水流到地下，我指的是浅层水，就是指地面以下的这层水，污染物就会按照它的流向流到任何地方去。现在北京市最安全的饮用水就是深层水，在隔水层以下的地下水。你刚才说北京地下的沙层有200米深，并不都是这么深。我们清华现在用的地下水，就是八九十米深的地下水，那就是隔水层以下的，污染物质比较难进入这种含水层，因为隔水层会阻挡住污染物质。所以到现在为止，据监测，北京市的深层地下水水质还是安全的。只有一个问题，就是硬度高，南方人会觉得北京的水味道不好，与硬度有一些关系。煮开水以后开水壶结垢，也是因为硬度高。但是至今还没有确切的证据证明，硬水对健康有害。

问题：北京市河流的流水不多，河流原来都有水在流动，现在河流全不流动了。

回答：这就是水资源短缺的一个现象。现在北京市再生水回用的一条途径，就是送到河流里，补充生态环境水。

问题：钱老您好，谢谢您这么详细的讲座，我有一个问题，北京的自来水的水质如何？还有就是通过这些市政管道，它存不存在二次污染的问题，有多严重？作为我们普通居民，有没有必要去买一些水处理机器，或者是饮用瓶装水，来解决水安全的问题？

回答：这个问题大家都关心，我不是回答这个问题的权威人物，因为我自己并没有亲自做过北京市自来水水质的检验。但是根据我的经验和了解，北京市的主要水源，地表水源主要是密云水库，其他的饮用水源主要是地下水源。北京市的饮用水质达标率很高，还是非常好的，这是应该相信的。

现在市场上推销很多家用的净水设备，我可以告诉大家我的看法是，不用为妙，我就不用。我们居住的居住区里也有人来推销，甚至有一些跟我们有点业务关系的人也来推销，我是不买的。为什么呢？因为它采用的技术，无非是过滤、消毒。大家知道，任何过滤材料，从最简单的沙滤、活性炭，到现在采用的膜过滤，都有一定的使用周期。水中杂质经过过滤材料，过了一段时间就把空隙填满了，必须要把它们清洗掉才能继续使用。如果运行不当，水质不仅不能得到改善，还会造成污染。现在用户自己不会清理，出售产品的商家也没有负责到底，因此不能保证提供清洁安全的饮用水。关于矿泉水，我家里也买，但购买时比较注意厂家的声誉。另外，我认为还是保持我们中国人的习惯好，就是喝开水。

马克平　**置身多彩的世界**

——认识生物多样性，保护生物多样性

导读

生物多样性是指生物及其与环境形成的生态复合体，以及与此相关的各种生态过程的总和。它是生命系统的基本特征之一，存在于生命系统的各个层次，最重要的有遗传多样性、物种多样性和生态系统多样性。

生物多样性的价值是巨大的，可以分成两部分，即直接价值和间接价值。直接价值如为人类提供的食物、栽培的植物、家养动物，还有药物等，大家比较熟悉。固定能量、保持水土等间接价值很容易被忽视，但非常重要。

据估计，全球生态系统每年提供服务的经济价值为33万亿美元，差不多是全球GDP总和的两倍。人类享受生态系统提供的服务，但很少有人意识到它的巨大价值。由于人口的爆炸式增长和过度追求经济利益，导致生物多样性快速丧失，当前仍然面临严重的威胁。主要的影响因素包括：生境的丧失和破碎化、外来种入侵、环境污染、人口爆炸、过度利用和全球变化。

保护生物多样性，就是保护我们自己。因为离开了生物多样性，我们会很孤独；离开了生物多样性，我们连基本的生存都很难维持。

置身多彩的世界

——认识生物多样性，保护生物多样性

马克平简介

中国科学院植物研究所研究员、所长（2006~2010），国际自然保护联盟（IUCN）理事，国际生物多样性计划（DIVERSITAS）中国委员会秘书长，国际生物科学联合会（IUBS）中国委员会副主席，中国植物学会副理事长，中国科学院生物多样性委员会副主任兼秘书长，北京生态学会理事长，国家林业局国家级自然保护区评审委员会委员。曾任《生物多样性》主编、《植物生态学报》主编。现为《科学通报》副主编、《生态学杂志》副主编。

作为中国政府代表团的科学顾问，参加了第一届、第四届、第六至第十届联合国《生物多样性公约》缔约方大会。主持的重大项目/课题多项。近年来在积极推动生物多样性信息学在中国的发展，特别是关于生物标本数字化及其共享平台的建设、全国生物物种编目，中国生物多样性监测网络，特别是森林生物多样性监测网络建设和森林生物多样性与生态系统功能研究平台建立等项目。已发表学术论著180多篇（部）。

生物多样性的概念

2010年是国际生物多样性年，每年的5月22日是国际生物多样性日。一提到生物多样性，人们首先想到的就是丰富多彩的生物物种，不管平时看到的可爱的宠物，还是野外的花草鸟兽等，都是生物多样性的重要组成部分。

从科学意义上讲，生物多样性就是指生物及其与环境形成的生态复合体，以及与此相关的各种生态过程的总和。这一句话里包括三个概念：一个就是生物，包括它所携带的基因，不管是植物、动物还是微生物都包括在内，是生物多样性的主体；然而，这些生物又不可能孤立地、长期地存在下去，一定要和环境相互作用，离开环境它就生存不下去了。所以，它和环境应该是一个整体，这个整体一般称为生态系统。范围更大一些的、由不同的生态系统在空间上按照一定的规律排列起来的，叫做景观。不管怎么说，都是由生物和它所生存的环境共同构成的基本单位，称为生态系统，或者生态景观，统称叫生态复合体。这些生态复合体又不是静止的，它是一个活的东西。这个活的东西靠什么维持呢？是靠各种生态过程

来维持的，比如说能量流动、养分循环，也包括信息的传递。

所以，在理解生物多样性概念的时候，至少要从这样三个方面去考虑。要更完整地去理解什么是生物多样性，不要仅仅把生物多样性理解成是由多个物种组成的概念，实际上它可以分成不同的层次。最重要的有三个层次：遗传多样性、物种多样性和生态系统多样性。

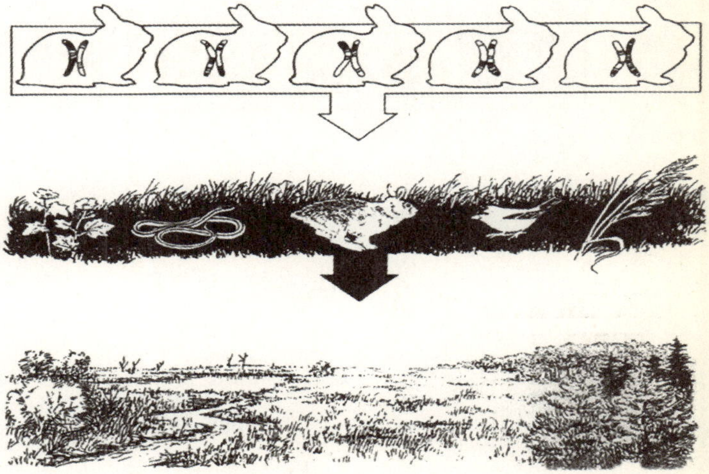

生物多样性概念，展示三个主要层次之间的关系

从右图可以看到，上边一行画的都是兔子这个物种，但是这个物种不同的个体，也是有差别的。严格说来，没有任何两个个体是完全相同的，尽管有的时候我们分不出来。比如说两棵草长得很像，一下看不出区别，但在遗传基础上，毫无疑问它们是有区别的，就是说每个个体都有它的唯一性。而且，现在我们通过高分辨率的分子标记技术，可以区别到个体，有证据来证明不同的个体是不一样的，这样的种以下的变异类型，叫做遗传多样性。

如果再向大一点的空间去看的话，左图的第二行除了兔子还有其他的物种，比如说蛇、鸟、植物等，这样你就感受到物种这个层次的多样性。这些物种在自然界不是杂乱无章的，而是按照一定的规律组合在一起，叫做生物群落。我相信大家都到野外去过，那么你会看到不同的生物群落。如图中的第三行，中间是湿地，再往上走就是灌丛，然后是森林，这样你就可以感受到生态系统的多样性。这三个层次之间是有一定联系的。比如说不同基因的组合就形成了不同的物种；不同物种的组合就形成了不同的生态系统。

再稍微展开一点讲，什么是物种多样性？大家知道，不同的

■ 生物界的五界系统

生物可以划分到不同的生物界，最常用的就是动物和植物的两界系统，或三界系统，即植物界、动物界和原生生物界。如果再细分一下的话就分成五界，如右图所示：动物界、植物界、菌物界、原生生物界和原核生物界。

每个界内的生物又是千差万别的，比如说植物，有像松树这种高大的乔木，也有金花茶这样很漂亮的灌木，也有长在沙漠里边的仙人掌类植物；动物形态差异就更大了，千姿百态。据此，你会充分地体会到物种的多样性。那么，到底全世界有多少个物种呢？现在讲的都是一些估计的种数，还真说不太清楚到底有多少物种。一般人们认为有140万~175万种。这个数字是指已经被科学家描述发表过的物种，还有非常多的物种至今没被人类发现，特别是昆虫和微生物。

不同的生物类群，物种数量是不一样的，这从下图可以看到。

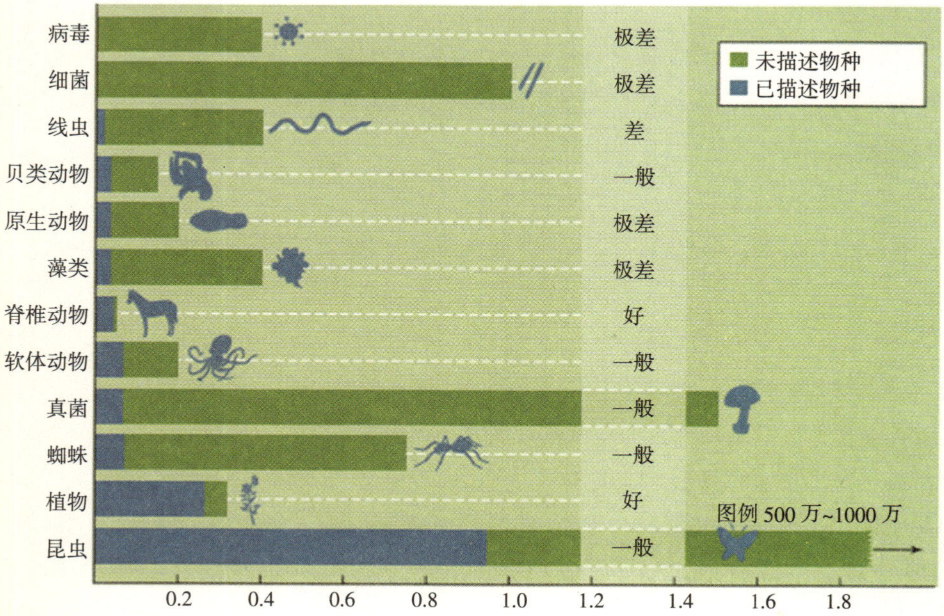

■ 不同生物类群已经发现的物种数目（蓝色标记）和可能存在的物种数目（绿色表示）

以昆虫为例，现在已经发现有 80 多万种，但最保守的估计，也有 150 万种，有一半我们现在还不知道，连见都没见过，还没给它一个正式的名字。中国的昆虫，已经发表的大约有 7.5 万种，但最保守的估计也有 15 万种，还有 7.5 万种我们现在还不知道它们叫什么名字、在什么地方。从上页图可以看到有些生物类群还有大量的物种有待发现，比如真菌，蓝色的是已经发表的物种，就是我们已经知道的；还有那么多绿色的，估计有但是还不知道叫什么名字，在什么地方。有很多物种还没有研究清楚，还不知道它有什么用的时候就已经消失了。所以，我们面临的形势是很严峻的，挑战是非常大的。

有那么多物种有待发现和研究，但现在分类学家的数量却越来越少，因为分类学家申请课题经费很困难，很多大学和研究单位又不太重视他们。不光是生物多样性受到了威胁，搞生物多样性研究的分类学家也同样受到了威胁，变成一个濒危的群体了。

关于物种多样性，有六个方面是值得重视的内容：第一，要了解这个地方有多少个物种，分布在哪些类群；第二，有多少物种已经受到了威胁；第三，还有哪些是本地特有的，其他地方没有分布；第四，这些物种的保护价值有多大；第五，在空间上是怎么分布的；第六，在时间上又是怎么变化的？即物种多样性概况、物种受威胁状况及其原因、特有性格局、保护价值评估、空间分布格局及其形成机制和时间上的变化过程。

说到遗传多样性，则可以从不同的水平去检测，但都是在物种以下的，就是说属于同一个物种内的变化。比如说栽培植物，你可以分辨出不同的作物品种，同样是白菜或油菜，有不同的品种，我们大家到菜市场买菜都有切身的体会，不同的品种的确品质是不一样的。这是形态学水平的遗传多样性，用肉眼可以分辨出来。第二个是染色体水平的遗传多样性要通过显微镜才能看到，包括染色体数目、组型等的差异。第三个是蛋白质水平，如利用同工酶等检测遗传多样性。最后一个是 DNA 水平的遗传多样性检测，是目前应用最多的方法之一。检测遗传多样性的目的在于下列四个方面：种质资源保存，这个是非常重要的。要想搞育种，没有这些种质资源是做不了的。我们国家现在有两个很大的种子库，一个在中国农科院，是由美国洛克菲勒基金会资助建起来的，我国后来投了很多钱不断完善，目前已经有 39 万份种质资源保存在这个种子库里边。另外，国家投了 1.48 个亿，在昆明植物所建了一个主要保存野生植物种子的种子库，也开始运行了。下面举几个例子，说明遗传资源的价值。大家都很熟悉袁隆平院士，他在提高水稻的产量方面贡献是非常大的，但是如果没有野生稻，他就没有今天的成就，而野生稻在野外已经很少了。再如绿色革命，矮秆基因是关键，对于粮食产量的提高起到了至关重要的作用。正所谓“一个基因可以影响一个国家的兴衰，一个物种可以左右一个国家的经济命脉，一个优良的生态群落的建立，可以改善一个地区的环境”。上面介绍了遗传资源的例子，物种资源的例子更多，比如一种植物叫薯蓣，是地奥心血康的原材料。中国科学院成都生物所 1988 年开始搞这个企业的时候，只有银行贷款 50 万，但现在固定资产已达 40 个亿。主要产品就是大家熟悉的治疗心血管病的地奥心血康，地奥的名字源于其原料植物的拉丁名 *Dioscorea* 的读音。这种例子还有很多，生物多样性的应用价值是非常大的。右图是大家熟悉的植物猕猴桃，全世界有 63 个物种，在我们国家可以找到 59 个，应该说我们国家的猕猴桃资源是最丰富的。但是非常遗憾，在国际市场上，我们中国的产品占有的份额是非常小的，主要是新西兰、意大利等国家占有大的市场份额。新西兰培育的一些猕猴桃品种很受欢迎，但最开始的种子资源是从我们国家拿走的。还有郁金香，最早也是从我国新疆这边经过土耳其才到荷兰到欧洲的一些国家。但北京植物园每年春天大面积栽培的郁金香都是从荷兰购买的种球，种一年再要种就退化了，所以你要经常到它那儿去买。但是最初的种子资源也是我国的。从这些例子可以看出，我们在种质资源方面占有优势，但是在开发技术上薄弱，最后导致在经济上处于劣势。

我国具有丰富的猕猴桃资源

刚才讲的是植物的遗传多样性，那么动物的遗传多样性，就

更容易理解了。像右图的猫，品种特别多，还有像金鱼、狗等宠物，遗传多样性都非常丰富。研究遗传多样性对于了解物种濒危机制有很大的帮助。此外，在科学研究上，遗传多样性对于理解生物进化和生态适应等都具有重要意义。

千姿百态的猫展示丰富的遗传多样性

生态系统多样性也是生物多样性很重要的组成部分。如果你有机会到野外去考察，就会有很多机会感知生态系统的多样性。即使不到野外，你也可能通过网络或印制精美的书籍了解到丰富多彩的生态系统多样性。右图是我国西南部西双版纳的季雨林，望天树少数个体可达40~50米高，就像鹤立鸡群一样。森林结构复杂，物种特别丰富。20公顷的森林中有木本植物500余种，同样面积的温带森林，木本植物只有50~60种。

湿地生态系统对于生物多样性保护也是十分重要的，对于鱼类和鸟类的保护尤其如此。我们的国家是湿地非常丰富的国度，无论是长江流域，还是西南高原湖泊，甚至西北干旱区的湖泊都很有特色。我到欧洲、美洲以及非洲国家访问的时候，也经常见到清澈的湖水上珍贵的鸟类在水上嬉戏，与周边的居民和谐相处，印象很深。如下页左图所示瑞士中部的一个湖泊，周边有村镇分布，但湖内天鹅等鸟类自由自在地生活，没有人类强烈的干扰，更没有人猎捕。即使在日内瓦城里的莱蒙湖上，也有多种野生的雁鸭生活其中。

西双版纳的热带季雨林

■ 瑞士中部一个湖泊中自由生活的天鹅

■ 肯尼亚纳库鲁湖的火烈鸟

非洲更是野生动物的天堂。在肯尼亚的纳库鲁湖可以见到上百万只火烈鸟。我在 2010 年 5 月走访那里的时候，火烈鸟已经相对比较少了，但也有几十万只在湖边。听当地人讲，最多的时候有 200 多万只就聚在一个不是很大的湖里边。这个湖逐渐往外就有草甸、森林和灌丛分布。在这些地方，可以看到斑马、非洲野牛、犀牛、羚羊、长颈鹿等十几种大型哺乳动物。这个纳库鲁湖离纳库鲁市只有两三千米远，纳库鲁是肯尼亚第四大城市。这个湖的周边没有任何围栏，但野生动物和城市居民相安无事、互不侵犯，人们不来湖区捕猎野生动物，这些野生动物也不跑到城里捣乱，关系非常和谐。

我在国内也经常到一些自然保护区考察，除西部的一些保护区外，大多数保护区很难见到野生动物，虽然介绍说有上百种野生动物分布，不光我们见不到，有很多种类保护区的管理人员也没有见到过。当然也要承认，很多野生动物很警

■ 拍摄黑麂的红外相机

■ 用红外相机在浙江古田山保护区拍摄到的黑麂

觉，在我们看到它之前就跑掉了。以浙江古田山国家级自然保护区为例，我上山多次，没有一次见到黑麂和黄麂，连野猪也没有见到过。这也说明我们和野生动物之间的关系很紧张，它们害怕我们。所以我们要对野生动物有一些爱心，多一些关爱，逐渐缓和这种关系，因为大家都生活在同一个地球上，应该和谐相处，不应该是这种紧张的关系。

大家不要以为荒漠里什么都没有，实际上荒漠里也可能有丰富的生物多样性，比如新疆的准格尔盆地不仅有大面积的荒漠生态系统分布，而且可以见到大量的野生动物，如鹅喉羚和蒙古野驴等。

荒漠生态系统的蒙古野驴（朱艳冰摄）

我国的生物多样性具有很突出的特点：

第一，生物多样性特别丰富。我国属于生物多样性特别丰富的少数国家之一，也是全世界唯一一个气候带谱齐全的国家：从寒温带一直到热带，我们都有，其他任何一个国家都没有我们这么全。只有有了这样丰富多样的环境，我们才可能有丰富的物种和生态系统。全世界大约 40 万种高等植物，我国就有 3.4 万多种，云南一个省就 1.6 万种。这个数字跟北美或者欧洲全部植物的数量相当，但是面积相差悬殊，更显物种之丰富。

第二，特有现象突出。以植物为例，我国的特有植物占全部植物的 52%。也就是说，我国有一半的植物是其他国家没有的，具有重要的保护价值。

第三，区系起源古老，特别是秦岭以南的广大的亚热带地区，保存有非常丰富的古老物种，就是第三纪甚至以前的一些物种都保存下来了。

第四，经济价值巨大。因为中国面积比较大，算总账的话，这个经济价值是非常大的。但是要一算人均就比较少了。

第五，受到的威胁非常严重，这一点我们大家都比较熟悉。

有一个国际自然保护组织，叫保护国际（Conservation International），他们从20世纪80年代末就开始生物多样性热点地区评估，看看全世界哪个地方生物多样性最丰富，最有保护价值。第一个方案，包括18个点，我国的喜马拉雅地区是其中之一；大约10年以后，即2000年的时候发表第二个方案，包括25个热点地区；左图是2005年重新评估以后，在其网站上发布的第三个方案，包括34个热点地区，与中国有关的有4个，包括喜马拉雅地区、中国西南山地、印缅地区和中亚山地。说明中国的生物多样性是非常有特点的，保护价值是很大的，在国际上也具有很重要的地位。

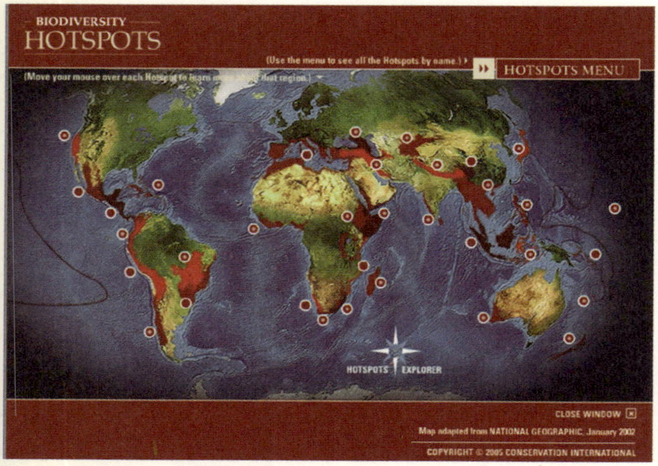

■ 国际生物多样性保护的热点地区分布图
(http://www.biodiversityhotspots.org/xp/Hotspots/pages/map.aspx)

通过刚才的介绍，可以看出生物多样性价值极大。如果把它总结起来可以分成两部分，一个是直接的价值，一个是间接的价值。直接的价值，比如说食物、栽培的植物、家养动物，还有药物等。据统计，抗癌药物有60%源于热带雨林中的植物。中国的药用植物有1万多种，药用动物有1500多种。不管是中医中药，还是藏药、蒙药等各个少数民族用的药，都是离不开生物多样性的，特别是植物。还有工业的原料有很多也是由植物提供的。

其实，直接价值很容易理解，但间接价值我们就很容易忽视它。像植物吸收二氧化碳，放出氧气，能够调解空气里边氧的含量。大家知道，空气中氧的含量对我们人类是非常重要的。如果大家去过西藏就会有切身体会，最好选择植物是绿色的季节去，这时空气中的氧气会丰富一些。这就是生物多样性间接价值的体现。

其他形式的间接价值还有固定能量、保持水土等。地球上所有的生物，除了植物之外几乎都不能直接利用太阳能。首先通过植物的光合作用，把太阳能固定下来，储存成其他生物可以利用的

形式，然后动物，包括我们人类等才有了能量的来源。所以，植物的光合作用是维持整个生命界存在的一个非常非常关键的环节。光合作用是要靠绿色植物来完成的。因此，我们说保护生物多样性就是保护我们人类自己。如果把生物多样性提供的间接价值折合成经济价值的话，数量是巨大的。英国自然杂志在 1997 年发表的一篇文章报道，全球生态系统每年提供服务的经济价值为 33 万亿美元，当时全球 GDP 总和为 18 万亿美元。人类享受生态系统提供的服务，但很少有人意识到它的价值是巨大的。

生物多样性受到了严重的威胁

生物多样性的价值早就存在了，为什么现在这样重视生物多样性的保护呢？价值大只是原因之一，更重要的是近 30 年来，生物多样性受到了严重的威胁。生物在过去的地质历史的长河中，已经发生了很大的变化，最著名的是五次生物大灭绝，而现在我们正处在第六次生物大灭绝的时期。前五次都是自然因素导致的，而这一次主要是人类活动引起的，比自然灭绝的速度要快 100~1000 倍。物种灭绝的级联效应加剧了由此产生的负面影响。一个物种的灭绝，可能影响几个甚至几十个物种的生存。因为在生态系统中，每个物种都有它的作用和功能，一个环节出问题了，可能影响到其他物种，因为它们是通过生态过程联系在一起的。

生物多样性的价值早就存在了，为什么现在这样重视生物多样性的保护呢？价值大只是原因之一，更重要的是近 30 年来，生物多样性受到了严重的威胁。

根据国际自然保护联盟（IUCN）的统计，过去 500 年中已经灭绝的脊椎动物近 260 多种，其中大多是岛屿上生存的物种，大陆上的生物灭绝相对少一些。国际自然保护联盟隔几年就发布全球物种受威胁状况的红皮书。据 2004 年发布的红皮书报道，有 12% 的鸟类受到灭绝威胁，23%的哺乳动物受到灭绝的威胁，有 1/3 的两栖类受到灭绝的威胁。植物中的裸子植物，像松树柏树等，约有 1/4 受到了灭绝的威胁；苏铁类受到的威胁更严重，受灭绝威胁的种类占 52%，龟鳖类有 42%，鲨鱼和鳐类有 18%，东非的淡水鱼有 27%受到了灭绝的威胁。我们面临的保护形势非常严峻。

除了物种以外，遗传资源的丧失也很严重。数万个作物的品种在过去的几十年中几乎丧失殆尽。新中国成立初期的小麦和水稻品种都有数万个，有很多抗逆基因和特殊性状的基因，现在已经所剩无几。追求高产的绿色革命对此影响最大，大面积推广高产的品种，导致大量的作物品种消失，损失巨大。森林砍伐造成的影响也很严重，现在在我国，几乎找不到原始状态的亚热带常绿阔叶林和热带雨林了。我们的热带雨林分布面积不大，由于橡胶产业的发展，原始状态的热带雨林不复存在。

在众多的影响因素中，有6个方面是最主要的：第一是生境的丧失和破碎化；第二是外来种的入侵；第三是环境污染；第四是人口爆炸；第五是过度利用；第六是全球变化。其中，人口的爆炸式增长是根本原因。生物多样性的分布与人口密度的分布有很高的正相关关系，即生物多样性丰富的地区，往往也是人口稠密的地区。由于人口的压力，导致生物多样性丧失或受到严重威胁。

濒危物种分布也与人口密度分布具有正相关关系，比较典型的就是东南亚地区和中国的亚热带地区。

中国既是生物多样性特别丰富的少数国家之一，也是受到威胁最为严重的国家。在过去几十年的发展过程中，无节制的开发生物资源、砍伐森林、过度放牧等，致使生态系统严重退化；乱砍滥伐、开垦耕地和城市化等导致自然生境高度破碎化，大量适于物种生存的自然生境丧失；环境污染对水域和森林生物多样性的影响尤其突出。

生机勃勃的今天和可能出现的悲惨的明天

外来种如水葫芦、喜旱莲子草等对淡水生态系统造成的破坏，紫茎泽兰、飞机草和薇甘菊等对林区生物多样性造成的破坏触目惊心。如果这种生物多样性减少的态势得不到遏制，我们现在看到的丰富多彩的生物界，在将来的某一天就会出现左图所示的悲惨情景，我们的后代只能到灭绝动物陈列馆里去吊唁我们今天不难看到的很多物种。

积极行动起来，保护生物多样性

2010年10月在日本名古屋召开的生物多样性公约第十次缔约方大会，为我们制订了未来10年的生物多样性保护目标和战略计划，希望大家共同采取行动，为了我们的后代保护珍贵的生物多样性。1992年联合国环境与发展大会在巴西召开，会上通过了5个重要的文件，其中一个就是《生物多样性公约》，《生物多样性公约》是目前环境领域签署国家最多的公约，缔约方总数已经达到193个。这个公约有三个目标：保护生物多样性、持续利用其组成部分和公平合理分享由利用遗传资源而产生的惠益。

为什么把最后一条单独提出来，而不把它放在第二条里呢？主要原因就是遗传资源主要分布在发展中国家，而利用遗传资源的技术主要掌握在发达国家，只有发展中国家和发达国家合作，才可能把遗传资源变成经济利益。如何公平共享由此得到的利益，一直没有得到很好地解决。第十次缔约方大会通过的《名古屋议定书》在这个方面有了突破性进展。

《生物多样性公约》是目前环境领域签署国家最多的公约，缔约方总数已经达到193个。这个公约有三个目标：保护生物多样性、持续利用其组成部分和公平合理分享由利用遗传资源而产生的惠益。

总体而言，生物多样性保护的责任主要在各个缔约方，由中央政府牵头，相关部门和组织以及社会公众积极参与。我国是由环保部作为生物多样性公约履约的牵头部门，涉及国家林业局、农业部、海洋局等20多个部门。公约要求每个缔约方都要完成国家生物多样性保护战略、国家报告和保护行动计划三个文件。中国生物多样性保护行动计划于1994年正式发布，国家报告于1998年正式发布，生物多样性保护战略和新的行动计划于2010年9月正式发布。这些文件对于我们开展生物多样性保护工作起到了重要的指导作用。

野生动物保护法、自然保护区管理条例等相关法律法规的发布和实施是重要的保障条件。从生物资源管理角度看，我们的法规还很不完善，除重要的保护物种外，我们几乎没有生物资源出入境的法律法规，大门是敞开的。但现在绝大多数国家，包括很多发展中国家都有严格的法律来管理，要想把生物样品带出境是很困难的。但是中国现在很多非常珍贵的生物资源仍然在大量流失。希望相关部门能够特别重视这个问题，加快立法进程。

作为最早签署《生物多样性公约》的国家，我国在履行《生物多样性公约》过程中做出了突出贡献，在大熊猫、朱鹮等濒危物种保护以及自然保护区建设等方面取得了令人瞩目的成绩。例如，曾经一度视为灭绝的国家一级重点保护鸟类——朱鹮，1981 年在陕西洋县重新发现时，只有 7 只，现在已经超过 1000 只；20 世纪 70 年代末，海南坡鹿只有 24 头，现在已经超过 1600 头；大熊猫从 20 世纪 80 年代末的 1000 只发展到现在的 1800 多只。自然保护区的数量发展异常迅速，从 20 世纪 90 年代初期的 700 多个，发展到现在的 2350 多个；面积也从当时的 5000 万公顷发展到现在的 1.5 亿公顷。国家还投入巨资，建设大型的保护工程，如三北防护林工程、退耕还林工程等。尽管如此，我国生物多样性丧失的趋势并未得到有效遏制。

自然保护区的数量和面积都已经达到很高的水平，但管理的有效性亟待提高，绝大多数保护区还停留在划定界限看管起来的水平，对保护对象的种群动态知之甚少，因而缺乏有针对性的管理措施。

自然保护区的数量和面积都已经达到很高的水平，但管理的有效性亟待提高，绝大多数保护区还停留在划定界限看管起来的水平，对保护对象的种群动态知之甚少，因而缺乏有针对性的管理措施。相当部分省级以下保护区的界限都未划定，有些保护区既没机构，又没专职人员。国家应该划拨专项经费，至少保证国家级自然保护区的日常运行。否则，基本维持都得不到保证，如何安心于保护对象的管理。

加强国家级保护区分布格局的顶层设计，建立严格的动态管理机制，也是优化国家级保护区管理的重要环节。应积极推动生物多样性保护的主流化，即将生物多样性保护纳入社会经济发展规划并付诸实施，因为 85%的国土面积在保护区外，仅仅依靠自然保护区是不能完成生物多样性保护使命的。国家级保护物种名录是物种保护的重要依据，然而，我国的保护物种名录已经多年没有更新，严重影响了保护成效。应该建立国家级物种保护名录的动态更新机制，并委托专业机构或组织负责此项工作。生物多样性保护的法制建设应该受到特别重视，在完善自然保护区和物种保护法律法规的同时，建议考虑制定生物多样性法，以规范生物多样性的保护与利用。这既是国内生物多样性保护的需要，更是与相关国际公约衔接，保护国家利益的需要。

2010 年是国际生物多样性年。中国很重视，专门成立了 2010 国际生物多样性年中国国家委员会，由国家副总理李克强担任主席，副主席由环保部部长周生贤等担任，23 个部门的主要负责人为成员，阵容很强大。在这个委员会领导下，组织了很多活动，对于提高全民的生物多样性保护意识起到了重要作用。

生物多样性保护离不开科技支撑，以两个例子予以说明。要保护生物多样性，首先要知道家底。右图是中国科学院从 2008 年起开始正式发布的中国生物物种名录光盘，每年更新一次。这是目前中国生物物种数目的最具权威性的数据库，包括物种的中文名、拉丁学名、异名、分布以及每个名字来源的文献等，参与项目的生物分类学家有 100 多位。从这个光盘中，你可以查到中国所有高等植物、脊椎动物（包括兽类、鸟类、爬行类、两栖类和鱼类）、无脊椎动物（特别是蜘蛛等）。

■ 中国生物物种名录光盘版

我们有专门从事这项工作的队伍，每年更新一次数据库，包括两个部分：新增的物种和将最新的分类学研究成果整合进来。这是最基础的数据，可提供免费服务。另外，有专门的网站（http：//www.sp2000.cn/），上边都有这些信息，随时可以免费查询。

另外，我们还建立了其他的数据共享平台。下页上图是中国数字植物标本馆（CVH，http：//www.cvh.org.cn/），由 20 多个单位联合建立，是非常受欢迎的网站，每天的点击率在 2 万次以上。中国植物多样性的信息特别丰富，有 300 多万条植物标本的数字化信息、中国植物志等 20 多套植物志的电子版信息、有 4 万多张彩色照片。中国自然标本馆（CFH，http：//www.cfh.ac.cn/）以植物

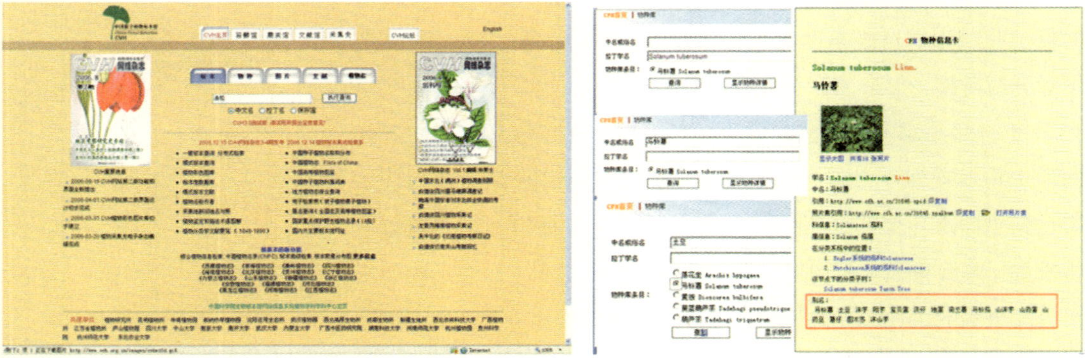

■ 中国数字植物标本馆（左）和中国自然标本馆（右）

彩色图片为主，截至2010年11月底，已经有160万张照片，其中已经鉴定的照片82万多张，近2万种，具有地理坐标的照片43万多张，注册用户2000多人，每天新上传的照片在2000张左右。这个系统已经开发得非常好了，有很多功能，不但可以查询，还可以帮助你建立自己的相册或子站等。

结束语

100年以后生物多样性会怎么样？我不能给出确切的答案。但有一点是肯定的，那就是生物多样性100年后的命运掌握在我们人类的手中，完全取决于我们人类怎么去对待生物多样性。如果还像过去那样破坏，100年以后很多珍贵的物种就没有了，如果我们大家都动起来，积极采取措施去保护生物多样性，100年后生物多样性仍然会和现在一样丰富多彩，甚至更好。

100年以后生物多样性会怎么样？我不能给出确切的答案。但有一点是肯定的，那就是生物多样性100年后的命运掌握在我们人类的手中，完全取决于我们人类怎么去对待生物多样性。

在此，我也恳请大家都能够做出自己的贡献。首先在自己提高认识的基础上，主动宣传保护生物多样性的意义；第二，自己行动起来，做到不消费野生动物产品，如果你喜欢吃野味、穿珍贵的毛皮大衣，现在就停下来。其实，有些不法分子冒险偷猎野生动物，与城里人支撑的野生动物及其产品贸易市场密切相关；第三，发挥自己的影响力，制止破坏生物多样性的行为，包括砍伐天然林、过度利用生物资源、污染环境等。只要大家都行动起来，生物多样性保护就会取得非常明显的进展。最后还是要强调，保护生物多样性，就是保护我们人类自己。因为离开了生物多样性，我们会很孤独；离开了生物多样性，我们连基本的生存都很难维持。

答问

问题：我想问一下，现在咱们生物工程技术进展特别快，通过大量的生物技术，也可以做到繁育濒危物种。我想问，这种做法对于保护濒危物种，是不是有切实的作用？另外，这样的物种与野生的物种，在生物多样性意义上有什么区别？

回答：你说的有一定道理，现在生物技术的确发展很快，有些已经用到生物多样性保护和利用中。像大家都比较熟悉的克隆技术。动物克隆技术难度很大，现在还没有用这种技术繁殖濒危动物的案例。但是，植物克隆技术就很容易，像苗圃里用枝条扦插的方式育苗就是例子。一些兰花品种，通过组织培养的工厂化育苗也是生物工程技术的应用。三峡库区分布的濒危植物荷叶铁线蕨等都已经成功地实现组织培养繁育等。毫无疑问，运用生物技术，开展濒危物种的繁殖是切实可行的。这种方式繁殖的物种，与野生物种没有本质的区别。

问题：我想问一下，现在转基因的话题比较热，您认为转基因技术用于一些农作物，跟生物多样性有什么关系没有？

回答：转基因技术的应用涉及生物安全问题，与生物多样性的话题相关。《生物多样性公约》之下就专门有一个《生物安全议定书》，我们国家也是缔约方之一。转基因生物释放是一个很敏感的话题，它可能涉及两个方面，一个就是你讲的，可能有一些新的变异产生，还有一个就是对人类到底有害还是没害。现在争论比较多的还是对人类到底有害没害。目前是既没有充分证据证明转基因产品对人类是有害的；也没有充分的证据证明，人类长时间食用也是没害的。

制订《生物安全议定书》遵循的是“审慎原则”，即在不是非常肯定的时候尽量小心一些。这个议定书中非常重要的，就是知情权。转基因产品在进入消费市场时一定要告诉消费者，这是转基因产品，转的什么基因，消费者在知情后作出自己的选择。我想在这里强调的是，生物技术包括转基因技术的发展，对于解决粮食安全、提高食物质量方面是利好的，应该积极支持；只是在发展转基因产业时，要注意它可能带来的风险。就我们国家的具体情况而言，主要问题不在技术层面，令人担心的是管理问题。我们目前还不能保证非常有秩序地开展转基因实验和大田释放，甚至商业化生产。虽然有严格的审批程序，但实施过程的监管有待加强。

童坦君　**人类能活200岁吗？**

——漫话人类寿命长短的决定因素

导读

第二单元

基因与生活

老年病发病的根本原因是衰老。有人统计，人们医疗费用的2/3是在老年时消耗掉的。我国人口老龄化将随经济发展不断加强，如何迎接这一挑战，已成国民经济和社会发展中全局性和战略性问题。

不同物种，同一个体的不同组织和细胞，它们衰老的速度并不相同。细胞衰老是组织器官和个体衰老的生理学基础。

遗传与环境是衰老的两大动因。个体的平均寿命和物种的最高寿限可以从不同侧面反映衰老进程。目前认为平均寿命主要与环境相关，物种最高寿限与遗传相关。不良环境可通过对遗传物质或其产物的作用影响衰老进程。从遗传因素看，衰老并非单一基因决定，而是一连串基因激活和阻抑及其通过各自产物相互作用的结果。

遗传物质（如线粒体DNA）及其调控系统并不像原先设想的那样稳定。业已证明，包括基因在内的遗传控制体系可受内、外环境，特别是氧自由基等损伤因素的影响，加速衰老进程。用动物实验研究衰老，由于与人差别大，实验结果只能借鉴，不能照搬。人类细胞衰老模型可与动物实验相配合，取长补短，相辅相成。衰老机理研究对延缓衰老，防治老年病至关重要。

延长老年人的健康期，缩短带病期，是我们的努力方向。“适度限食”和“适量运动”是大多数科学家认同的延缓衰老的方法。双“适”的关键在“适”字，过了就适得其反。

文章从人类寿命长短的决定因素、衰老的机理、国内外衰老研究的发展趋势，到如何做到健康长寿等，探讨并展望了“人类为何会衰老”这一议题。

童坦君简介

童坦君，宁波人，1978年被教育部选拔为首批访美学者，并首批获得美国国立卫生研究院博士后奖学金。现为北京大学医学部生化系教授，博士生导师，率先将细胞生物学与分子生物学理念和技术引入我国老年医学基础研究，建立了北京大学衰老研究中心，已培养研究生50余人，主编《医学老年学》，提倡建立了"中华健康老年网"。2005年当选为中国科学院院士。

人类能活200岁吗？

——漫话人类寿命长短的决定因素

物种的最高寿限

人	120岁
象	62岁
马	62岁
犬	10~15岁
牛	30岁
鸽	30岁
猴	29岁
兔	13岁
大鼠	3~4岁
小鼠	3~4岁

人类为什么会衰老？这个问题要说透不容易。我们的科学还没达到这个水平。不过，有些事情我们好像是知道一些的，譬如说人的寿命。人的寿命长短是怎么决定的？据1992年世界卫生组织（WHO）资料，人的寿命决定因素是：遗传因素、社会经济因素、医疗服务技术等，所占的百分比是多少也写得清清楚楚。我没有看到原文。那么，如果是这样，我们今天回过头来看，快20

年过去了。这个说法究竟对不对？要不要更新？我觉得这还是个问题。可能有些是需要更新了，比如说遗传因素占15%，究竟对不对呢？不少学者提出过疑问。不过总的来看，除遗传因素外，它提到的其他因素确实也是非常重要的，比如说生活习惯、卫生行为、医疗服务技术等。这些因素确实对寿命延长非常重要。不同的生物，其最高寿限是不一样的，我们人最高寿限可能是 120 岁，那么大象的最高寿限是 62 岁，鸽子大概 30 岁。老鼠能活到多大？活 3~4 年。

为什么说人类最高寿限能活到 120 岁，这有没有什么根据呢？我国《黄帝内经》记载“百岁是天年”。有的科学家提出，人的最高寿限是用一个人的生长期，乘以一个系数，也就是乘 5~7，或用性成熟期乘以 8~10 推算出来的。根据这样一个规律，那么我们人类最高寿命可以活到 120~150 岁。但实际活到 150 岁，真正有据可查的，目前还没有。

我国《黄帝内经》记载“百岁是天年”。有的科学家提出，人的最高寿限是用一个人的生长期，乘以一个系数，也就是乘 5~7，或用性成熟期乘以 8~10 推算出来的。

对我们人来讲，不是人人活百岁，所以就有一个平均寿命。平均寿命就是说，我们人群中有的活得长，有的活得短，合在一起，用总人数去除，所得寿命就叫平均寿命。比如说新中国成立前，我们中国人平均寿命是 35 岁；新中国成立后，1950 年，我们的人均寿命达到了 51.2 岁；到了 2004 年，北京人的平均寿命好像是 76 岁；2010 年，我们北京人的预期平均寿命，可能提高到 80 岁了。

遗传因素对于物种的寿命起决定性的作用。比如说老鼠，环境再好，能活 120 年吗？那是在开玩笑，只有《西游记》里才有，是耗子精了！在同一个物种里，寿命的长短除遗传因素外，主要取决于环境因素。前面讲到 1992 年世界卫生组织说的“遗传因素占 15%”，是值得商榷的，不过也可能有它的积极意义。积极意义在于：遗传因素我们自己掌握不了，但你的生活方式、生活习惯等是不是健康，是可以自己掌握的。这些因素占的比例大，就意味着我们人想要长寿，自己可以掌握。你想长寿，就要有健康的生活方式。但我还是认为，给遗传因素的比例 15%是不是偏低了一点？

比如说我国百岁老人最多的地方（即长寿地区），如维吾尔族所在的新疆和田县，百岁老人比例很高。比如说广西巴马瑶族自治县，还有江苏的如皋县、南通县，百岁老人比例都超过国际上每百万人中的百岁老人数。这些长寿地区，环境肯定很好。但是在这些长寿地区，大家均在同样非常好的、优越的环境中生活，是不是人人都百岁呢？不是。百岁老人往往有一个家系，为什么有家系？那就是说遗传因素在这儿还是起很大的作用。

当然，社会因素、环境因素及生活方式确实非常重要，比如说新中国成立前，我国人平均年龄只有 35 岁，现在北京市平均寿命是 80 岁，就是因为环境改善了。有人会问，新中国成立前，自然生态环境可能比现在更好一些，现在空气污染、农药滥用如此严重，为什么寿命反而长了呢？那是因为环境因素与社会因素是综合的。现在，医疗设备、科技的发展、社会的进步以及和平的环境等，都是提高人们寿命的因素。

现在空气污染、农药滥用如此严重，为什么寿命反而长了呢？那是因为环境因素与社会因素是综合的。现在，医疗设备、科技的发展、社会的进步以及和平的环境等，都是提高人们寿命的因素。

我们研究室有位同事得了恶性淋巴癌，要是 7~8 年前患病，很快就死了，但是现在治疗条件比以前好多了。过去的化疗药物打进体内之后，不管是正常组织，还是癌组织，一切通杀。现在有些化疗药打进体内之后，它只杀死癌细胞，正常的细胞和正常的组织一点不受损伤，这叫靶向治疗。我们那位同事经过靶向治疗快 3 年了，全休一年后一直上班，红光满面。当然，她也在进行一些中药调理。过了 3 年观察期以后，她就没什么问题了。这个例子说明，科学技术的发展，医药卫生条件的改善及技术的迅速发展，对延长寿命是非常重要的。

衰老的定义

衰老是一种退行性的变化，是一种随着年龄增加不可逆转的退行性的变化。目前这个定义也有人不同意，有人说可以返老还童。究竟是不是这样？我个人认为这个定义还是有一定道理的，

因为我还没有看到令人信服的实例。

人从出生到30岁，他的各个器官功能是一直往上走的，即增强的；30岁的时候到顶了，然后慢慢往下落，只是我们感觉不出来。到了35岁，器官功能缓慢地下降。如右图，从该图看我们各个器官功能的衰退速度是不一样的。如我们肺的最大呼吸容量，每年以1.1%的速度下降；肾脏的功能（肾小球过滤速度）每年以1%速度下降；神经传导速度，每年以0.4%的速度下降，所以老年人行动缓慢、感觉迟钝、脑子记忆力衰退等，这是一个自然过程。

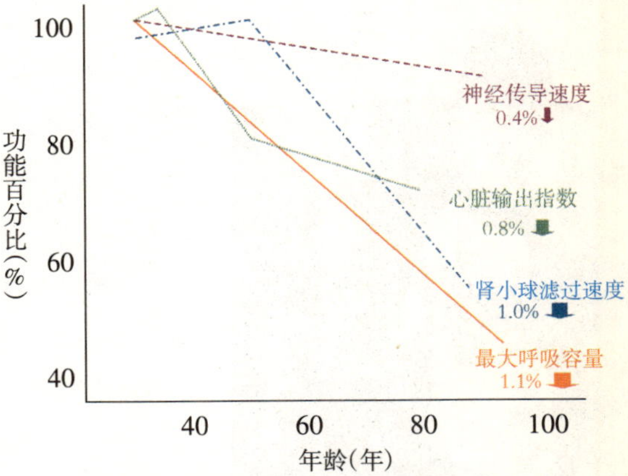

■ 各组织器官功能随年龄增加呈线形进行性下降

衰老机理探索

前面说到人可以活到120岁，为什么就不能够人人活那么长？120岁是一个自然过程，是生理性衰老，实际上往往因为各种各样因素（如环境因素），引起一些疾病而加速衰老，这叫病理性衰老。

人类寿命的决定因素是非常复杂的。寿命长短由什么决定的？它的学说也很多，总的说来是两方面：一方面是环境（外因）；还有一方面是遗传（内因）。有人用动物来做实验，发现将很低等的生物线虫的与衰老有关的两个基因进行突变后，它的寿命可增加到5倍，原来线虫只能活八九天，现在可活40多天。所以有人问“人类能不能活200岁？”，甚至有人说“人可以活到500岁！”，可能就是从这儿推算来的。这个实验结果如果套到人的身上，那么人不是就可以活到500岁了吗？其实，人和线虫差别太大了，这样推论是缺乏科学依据的。

寿命长短由什么决定的？它的学说也很多，总的说来是两方面：一方面是环境（外因）；还有一方面是遗传（内因）。

从上面实验结果看，遗传很重要，因为将它的两个与衰老有关的基因突变，它活的时间延长了4倍。但是，拿人来做同样的研究就不太合适了。人类太复杂，道义上也不允许这样的实验。

■ 郝-吉（HG）早老症
早老，身矮，颅面比例不协调，皮薄，皮下脂肪消失，秃发，骨质疏松，死于动脉粥样硬化，平均寿命13岁。

但遗传对寿命的重要性在人类也可以看到。有一类罕见的病叫早老症，如维氏综合征，有这种病的人早老，平均寿命只有40多岁。后来研究发现，早老症就是因为一个基因（WRN）出了问题。所以遗传因素对寿命、对衰老也是非常重要的。除这种早老症外，还有一种早老症（郝-吉早老症）也是一个基因（lamin A）出了问题，有这种病的人平均寿命只有13岁。左图所示的赫-吉早老症患者，左边是9岁的一位，右边是8岁的一位。这两位看起来，好像和70多岁老人差不多。可见，对个体来说，遗传因素有时对衰老进程和寿命长短是起决定性作用的。

人的平均寿命主要和环境相关。如果环境不好，它就可以影响基因，或者基因的产物，促进衰老。有人证明：有的双胞胎（同卵孪生子）出生时基因功能（表达）谱基本一样，50岁时1/3的基因功能（表达）出现差异，可见环境影响的重要性。环境常常通过损伤、负荷、疾病等方式影响衰老进程。

有的双胞胎（同卵孪生子）出生时基因功能（表达）谱基本一样，50岁时1/3的基因功能（表达）出现差异，可见环境影响的重要性。环境常常通过损伤、负荷、疾病等方式影响衰老进程。

人为什么会衰老？它的机理何在？要想把这个问题谈透太复杂了。如果把衰老的机理搞清楚，就等于把我们生命的本质搞清楚了，多复杂呀！衰老的机理学说不下数种，公说公有理，婆说婆有理，但每一种学说只是从一个侧面来解释我们衰老的现象。下面给大家介绍一种衰老的端粒学说。2009年诺贝尔奖医学或生理学获得者是美国的伊丽莎白·布莱克本（Elizabeth Blackburn）等3人，他们因发现端粒而获奖。1978年，他们是在一个很低等的生物即四膜虫中发现的，到了1985年，又发现延长端粒的酶叫端粒酶。

什么是端粒呢？我们人是一个整体，是由各个组织与器官组成的，这就像一座房子是由砖瓦、水泥和木材组成一样。人体是由比如肝脏、肾脏、脾脏、心血管、骨与肌肉、脑组织等组织起来的。组织与器官又是由什么组成的呢？是由细胞组成的，肝脏是肝细胞组成的，脾脏是脾细胞组成的。所以说，细胞是各个组织器官的基本组成单位。端粒是细胞染色体末端的一个特殊的结构，它可防止染色体的两个尾部连在一起，如果连在一起染色体

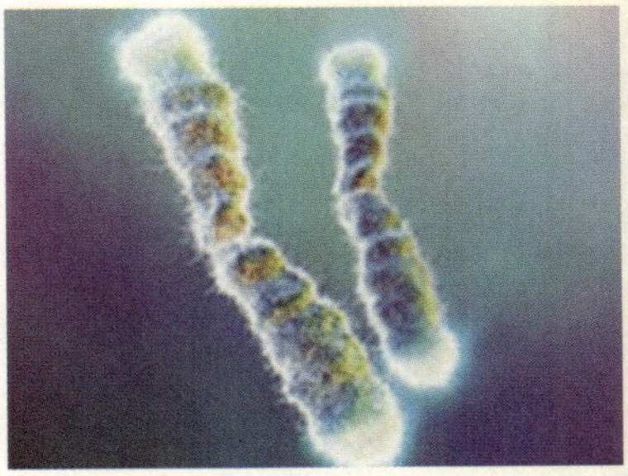

年龄越大，端粒越短

就不稳定，细胞就容易变成癌细胞。但是，这个端粒的长度是随着细胞代龄增加而缩短的。细胞在人体外进行培养，它可以一代一代地传下去，传一代，增加一个代龄，端粒长度就缩短一些。随着细胞代龄的增加，也就是细胞越来越老，它的端粒长度就越来越短，短到一定的时候，细胞就不分裂了，就衰老死亡了！体外培养的细胞是年轻的，还是中年或老年的，是根据细胞代龄来定的。

为什么说我们人年龄越大，端粒长度越短呢？我们知道，DNA是遗传物质，这些遗传信息从亲代传给子代。我们先来看右图，这是一个亲代的DNA，它由两条链组成。这个细胞进行分裂传代，亲代的DNA链这么长，它传一代以后到子代，它的DNA链末端会丢掉，这样子代DNA链末端，也就是端粒长度就短一点了；再传一代，由儿子传到孙子，再传一代就是重孙子了。这个细胞DNA链的端粒长度，传一代短一点，再传一代再短一点，短到最后，它就没法再进行细胞分裂传代，也就衰老死亡了。所以，随着年龄的增加，端粒长度越来越短。1985年，布莱克本等在一些细胞中发现了端粒酶，端粒酶有什么作用呢？端粒酶的作用是把缩短的端粒延长。我们看下面的端粒缩短图，如果有端粒酶存在，这个细胞的端粒传一代短了，端粒酶把它接上，又接长了；再传一代又短了，又接上。那么，端粒酶在什么细胞上才有呢？在肿瘤细胞、干细胞与生殖细胞。我们一般的体细胞，没有端粒酶的活性，如果有，活性也非常非常低，我们目前的技术测不出来。因为肿瘤细胞有端粒酶，所以肿瘤细胞分裂传代时它的端粒长度不缩短，细胞分裂传代后端粒短了又接上。所以，肿瘤细

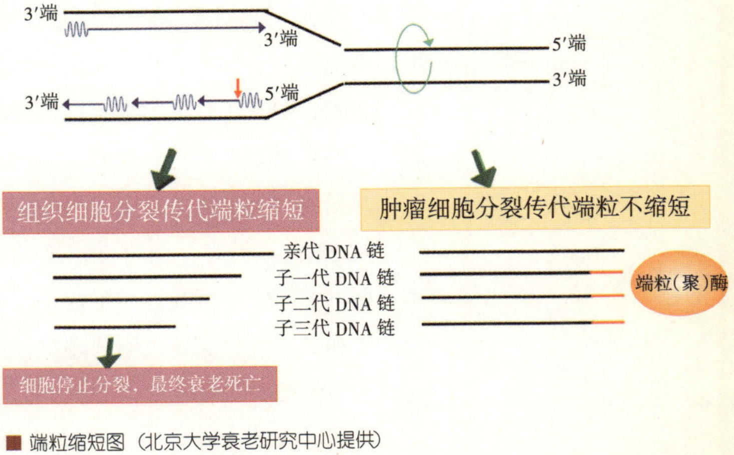

端粒缩短图（北京大学衰老研究中心提供）

胞分裂传代时它的端粒长度不缩短，细胞分裂后代原端粒短了又接上。所以肿瘤细胞才能够疯长、乱长、不停地长，形成肿瘤。我们的研究室做过这方面的实验：先进行体外的实验，然后再进行整体的实验。我们在体外进行细胞培养，用的是中国人的人胚肺成纤维细胞。不妨看一看细胞染色体端粒的长度变化。

染色体的端粒长度（人类体细胞的计时器）

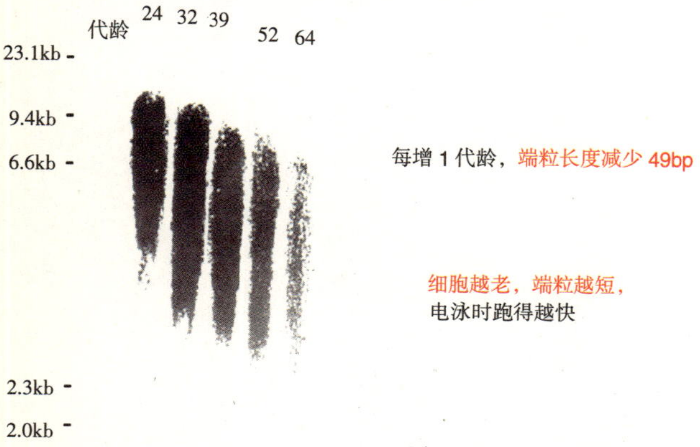

如左图所示，有24代龄细胞、32代龄细胞、39代龄细胞、52代龄细胞、64代龄细胞。我们一般认为55代龄以上细胞就老了，就像我们人60岁就是老年人了，24代龄还算是比较年轻的。那我们来看看这个电泳图，我们先把不同代龄细胞的DNA提出来，其中就有端粒，看看它们的电泳情况。这和我们赛跑、游泳一样，如果你个儿高，体重大，就会跑得慢，如果说你个儿小，体重轻，就会跑得快。24代龄的因为它端粒长，跑得最慢，在最后面；到了32代，因端粒稍短，就跑得稍快一些；39代、52代及64代随代龄增加，端粒长度越来越短，个儿越来越小，跑得越来越快。64代龄跑得最快，跑在最前面。这个实验结果说明，随着细胞代龄的增加，端粒长度缩短，也就是老了。

这是我们做的体外实验。我们也做了整体实验，并且还幸运地发现，男性与女性端粒缩短状况是大不一样的。从电泳图我们看到：随着年龄的增加，白细胞端粒长度越来越短，所以在电泳时跑得越来越靠前。这和上面所讲的体外细胞培养的结果是完全一致的。但是我们发现了另外一个现象，就是男性与女性同样都是25岁，但男性跑得慢，这说明年轻男性的端粒比女性要长，所以跑得慢。再观察一下这个实验结果，我们还看到随着年龄的增加，男性与女性之间的端粒长度差别越来越小了，这说明年轻男性的端粒长度比女性要长，但是随着年龄的增加，男性端粒长度的丢失比女性要快，所以到55岁、65岁时，男性与女性端粒

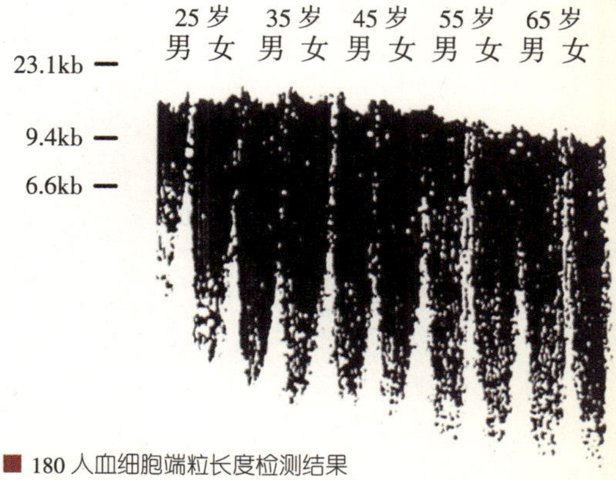

■ 180 人血细胞端粒长度检测结果

长度几乎一样了。如果年龄再大，有可能女性端粒长度要超过男性。大家都知道，咱们社会上有一个现象，即孤老太太多，孤老头子少。不管是在城市或者农村，在南方或是北方，在中国还是外国，都有这样的现象，为什么？从端粒研究的角度看，我们是不是可以说，在分子水平上已经部分解答了这个问题？

以上我们讲了端粒和端粒酶，端粒酶的作用是延长端粒。

有人说，我们把端粒酶注射到细胞里去，让它的端粒延长，我们不是可以长生不老了吗？是的，理论上是行的，但实际能不能这么做呢？很多技术还没达到，不但技术没达到，而且要考虑如果把端粒酶弄到细胞里，不是长生不老呀，而是让你容易得癌症。反过来，如果抑制肿瘤细胞的端粒酶，那就可以治疗肿瘤，这是一个好招。

下面讲讲衰老的自由基学说。自由基可以损伤 DNA，基因受损后，细胞自己可以修复。但是，不同物种的修复能力不同，如右图所示，人、大象，其最高寿命长，它们的修复能力也比较强；老鼠最高寿命只有 3~4 年，其修复能力就比较差。自由基，主要是氧自由基，它可以引起 DNA 损伤。体内氧自由基从何处来？我们每天吃进去的食物，在体内细胞里面进行氧化，产生能量。在产生能量的过程中，氧对营养物要起氧化作用，在起作用的时候，就产生氧自由基。所以，氧是我们生存必需的，如果没有氧，细胞就活不了；另外，它也可以产生氧自由基，会对一些物质如 DNA、蛋白质等造成损伤。DNA 和蛋白质受损后就会变得异常。如果这个蛋白质是修补组织的酶，则酶失去活性，组织就不好修复；DNA 受伤害，还会引起基因异常，引发疾病。

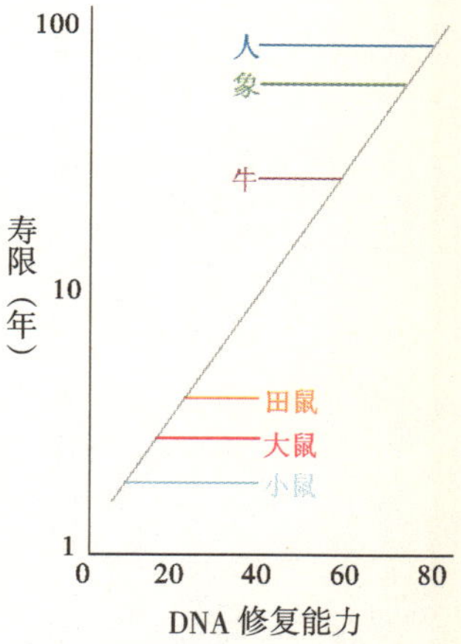

■ DNA 修复能力与动物寿命的关系

氧自由基有两个来源：一个是外源性的，如汽车的尾气、香烟的烟雾均含氧自由基；但更重要的来源是体内细胞自己产生。我们每天吃进去的食物，如粮食（即糖类），炒菜的油（即脂肪），还有鸡蛋、瘦肉、鱼肉中的蛋白质，在细胞内进行氧化过程中就会产生二氧化碳，产生能量，还产生氧自由基。这是内源性氧自由基的来源。所以，氧自由基最重要的来源是细胞自己直接产生的。

那么，氧自由基有什么害处呢？非常严重的一个害处就是：它会引起DNA链断裂。对于年轻的细胞来说，受损害的DNA链断裂后，它会修复的；对于衰老的细胞来说，它修复能力就差了，修复得不够好了。所以我们说氧自由基会引起衰老。我们前面讲过，遗传和环境两个因素影响着衰老，环境因素也可以影响基因。我们曾经做过实验，把小白老鼠颈动脉结扎，结扎一段时间后再放开，使耗子脑细胞缺血，缺血后就看到耗子脑细胞里面的线粒体DNA受损害，DNA有片段缺失，没有做颈动脉结扎的老鼠也就是正常的年轻老鼠，脑细胞线粒体DNA没有片段缺失。但是，脑缺血的年轻老鼠，只是70%有DNA片段缺失，而同样情况下的老老鼠100%有基因片段缺失。这说明，环境因素是可以引起遗传物质改变的。

如何判断细胞的衰老程度

细胞是生物组织器官组成的一个最小单位，细胞衰老了以后，组织器官的功能就减退了；细胞数也会减少，随之脏器就萎缩，功能就会衰退。所以，细胞衰老是个体衰老的微观模型，人类细胞的衰老就可部分体现人类的衰老。

细胞衰老是个体衰老的微观模型，人类细胞的衰老就可部分体现人类的衰老。

我们实验室主要做人类细胞的衰老。要研究“细胞为什么会老？”，首先需要细心和耐心。培养的时候，我们发现，年轻细胞两天就可以传一代，稍老一点就要一个礼拜传一代，再老就要一个月传一代了。第二点，细胞老或不老，你如何判断？这是我们实验室建立起来的细胞衰老指标：①端粒长度；②细胞体外增殖能力；③晚期糖基化终末产物；④衰老相关β-半乳糖苷酶活性；⑤DNA损伤修复能力；⑥衰老相关异染色质聚集位点；⑦衰老相关基因表达水平；⑧DNA 甲基化程度；⑨线粒体 DNA 片段缺失。

上面讲过的端粒的长度，就是一个衡量细胞“年龄”的指标。了解这个细胞端粒多长，和年轻细胞比短了没有，短到多大程度，就可知道这细胞是否老了。体外的细胞分裂的能力，也是其中一个指标，年轻细胞分裂快，年老细胞分裂慢。

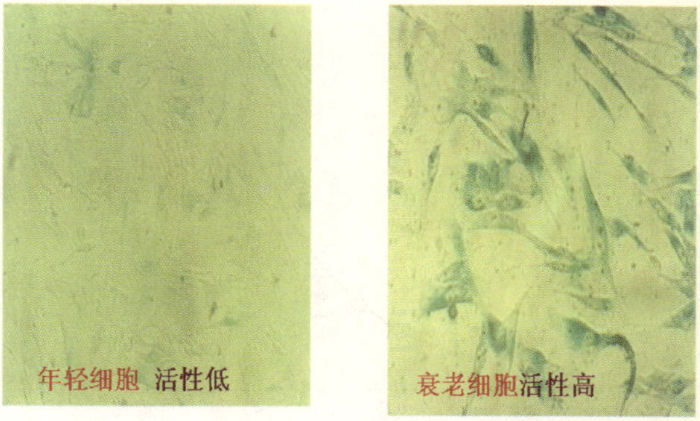

■ 衰老相关 β-半糖苷酶活性，阳性（绿色）率随代龄的增加而增加

还有一种指标就是 β-半乳糖苷酶。如右图所示，如果是年轻细胞，在显微镜下，在你的视野里就看不出来这个酶着色(绿的颜色)；如果细胞老了，你可以看到该酶染的绿颜色，这就叫阳性。细胞中 β-半乳糖苷酶着色没有，着色的有多少，是与细胞衰老程度相关的。

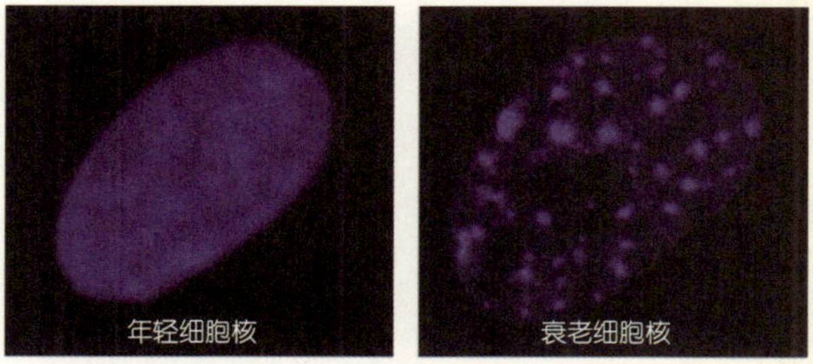

■ 衰老细胞核出现“衰老相关异染色质聚集位点”（senescence-associated heterochromatic foci， SAHF）

上面讲过的 DNA 损伤修复能力，也是一种指标，年轻细胞 DNA 受损伤后修复得比较快，（恢复一段时间后）是圆的，没有倒“拖尾”现象；而衰老细胞 DNA 受损伤后修复一两个小时，倒“拖尾”现象虽然稍微好一点，但仍然存在。

衰老研究的发展趋势

大多数基因，在细胞衰老的时候其作用越来越弱。但是也有一些基因，细胞越老它的作用越强，这挺奇怪的，也引起许多科学家的注意。这个基因叫 p16。“p”是蛋白质的意思，英文是 protein，而 16 代表蛋白质的大小，表示这蛋白质的分子量是 16000，所以这个蛋白质称为 p16。

p16 基因产生分子量是 16000 的蛋白质。细胞越老，p16 基

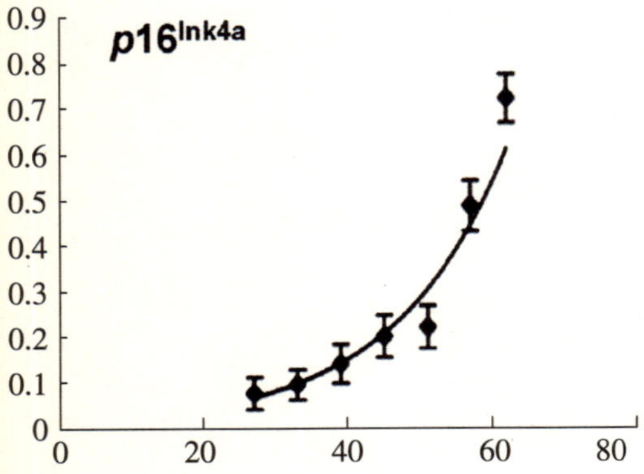

■ 群体倍增次数（代龄）

因的作用越强。那么，我们想办法不让 p16 基因作用这么强，也就是抑制它行不行呢？我们发现，如抑制细胞这个 p16 基因的话，可使这个细胞的寿命延长，端粒缩短的速度减慢。国外报道说 p16 基因和整体衰老也有关系。如果减弱 p16 基因的作用，衰老就可以延缓。

事物往往有两重性，p16 基因是促进衰老的，是不好的，但它又是抗癌基因。如果 p16 基因作用太弱了，细胞就容易癌变。我们把 p16 基因放进癌细胞里，癌细胞就会衰老，癌细胞变老的话，它就不长了，癌症便得到治疗。所以，衰老的研究和其他的疾病也有关系，你要琢磨一个比较合适的点，不能光想一面。比如你认为 p16 很不好，促进衰老，那就把它管住，不让它起作用好不好？不好！因为它还有一个抗癌作用呢！如果你把它的作用全给抹了，就要长肿瘤了。

前面讲的端粒酶也一样，端粒酶如果放到细胞里，端粒长度不缩短了，细胞活得长了，可就有生癌的危险了。对于肿瘤细胞，我们要把它的端粒酶给管住，不让端粒酶发挥作用。不发挥作用，细胞长得就不会那么欢了，肿瘤就被抑制了。

如果经研究能找到既可延缓衰老又不促进肿瘤生成的 p16 基因发挥作用的一个合适点，那就很有实际意义了。科学研究的任务就是要拿捏到那个适中点。此外，p16 可以作为延缓衰老的一些药物，或者抗肿瘤药物疗效的指标。

如果经研究能找到既可延缓衰老又不促进肿瘤生成的 p16 基因发挥作用的一个合适点，那就很有实际意义了。科学研究的任务就是要拿捏到那个适中点。

下面讲一讲长寿这方面的研究，有没有长寿基因呢？2001 年 8 月，美国《国家科学院学报》（即 PNAS）报道说有望找到人类长寿基因。那时候我很兴奋啊！科学家经过对 137 个长寿家庭中 308 位长寿者（91~109 岁）的长期跟踪研究，从长寿者血液样品研究发现，他们的第四号染色体有一段与普通人不同，其中可能有几个基因与长寿有关。当时研究人员面对媒体采访说：“这些基因还没有克隆，但半年到一年，我们就可能克隆出来。”你们想，如果真的能克隆出长寿基因，研制出能够“模仿”这些基因的药物，我们服用这些药物，不就可以长寿了吗。可这项研究现在还没有好消息传来。

为什么？人很复杂，太复杂了。前面曾提到衰老学说很多，不下数十种，不是说一个基因就行的，很多基因相互之间都有关联，那是一个网络结构。我认为可能不是一个基因和长寿有关系，而是七八个、十几个，是一个基因组合。这些基因有的和疾病有关，同时也和长寿有关。一个人如果这几个基因都挺好，他的寿命就长一点。有的人呢，这十几个基因或者 20 几个基因没有这么好，所以呢，他就寿命短一些。

健康长寿掌握在我们自己手中

生、老、病、死，是自然界的普遍规律，谁也抗拒不了。我们研究衰老的目的，是怎么样才能延长我们老年人的健康期，缩短老年人的带病期。老与病常常相连，如何预防和推迟老年病的发生，大家都非常关心。活着不能病病歪歪的，吊个瓶子躺在床上，生命还有多少质量？人一生当中，医药费的 2/3 用在老年期，如能延长老年人的健康期，缩短带病期，对个人家庭、社会和国家都是非常有利的。

> 人一生当中，医药费的 2/3 用在老年期，如能延长老年人的健康期，缩短带病期，对个人家庭、社会和国家都是非常有利的。

现在市场上“抗衰老”的保健品非常多，层出不穷。可是真正得到公认的“抗衰老”办法，还是吃的不要太多，不要过饱。适度限食可以延寿，这已在猴子实验证实了。最早有人用老鼠做实验，限食耗子可延长寿命 30%~40%。到了 1998 年，美国一位科学家，因为觉得灵长类的猴子比老鼠更像我们人类，改用猴子做限食实验。他将猴子分成两组，一组猴子适度限食，一组猴子随便吃，结果发现限食的猴子很苗条，比较瘦，体重比随便吃的猴子体重轻 1/4，活动能力很强，活泼好动，反应也非常快，而且身体里很多酶的活性表现年轻化。所以那时候就觉得适度限食，是可以延长动物寿命的。

另外，也有人提出老年人要适量地运动，这也被很多研究证明是有好处的。适度运动可保证我们老年人在有氧条件下运动，如果运动太激烈了，就不是有氧运动，就缺氧了。此时血液循环加快，心跳加速，脑供血不足，反而对身体不利，还容易出问题。我鼓励大家步行，快步走，这一方面锻炼我们的心肺功能，另外维持脑组织的功能。我们人是从哪儿来的？从猿到人，猴子四只腿在下，我们人站起来，我们人类进化来自（靠）步行！步行对老年人是非常适合的。所以，适度限食和适量运动也就是“双适”，是为大多数科学家所认同的。其中“适”字是关键，表示不能做过了，做过头就有问题了。

我鼓励大家步行，快步走，这一方面锻炼我们的心肺功能，另外维持脑组织的功能。

节食太厉害，减肥太厉害，就会营养不良了。营养不良的结果，就是免疫力下降。抵抗力就差了，就容易生病，这样就适得其反。适度限食，主要指限制热量的摄入，也就是粮食、油脂之类的物质，不要吃得太多。为什么说适度限食能够延长寿命呢？这和一些基因也有关系。有学者用酵母进行研究，发现一个英文名叫 SIR2 的基因，会延长酵母的寿命。后来发现，我们人类细胞中也有类似的基因，这个基因英文名叫 SIRT1。它在我们人的细胞里是不是也有延寿作用呢？没有太肯定。我们实验室用细胞做这个实验，证明它可以延长人类细胞寿命，延缓我们人类细胞的衰老。现在这个基因在国际上研究非常火，全世界都在研究它。我们的研究发现，它确实可以延缓我们人类细胞的衰老，而且也知道它是怎么延缓人类细胞衰老的。

适度限食是不是都得限啊？不是的。前面也提到了，适度限食指的是限制热量。热量是什么，热量就是从我们一日三餐吃进来的粮食（含大量淀粉），还有炒菜用的油、肥肉（脂肪）等产生的。我们主要是限制这些高热量的食物。蛋白质也少吃行不行？不行，尤其对老年人来讲，蛋白质不仅不能少吃，而且还要吃够，要吃质量好一点的蛋白质。为什么这么说呢？因为食物进入口腔进行咀嚼时，会产生口水，就是唾液，唾液里含有淀粉酶，老年人淀粉酶活性低；食物到了消化道即胃肠道会接触各种酶，如水解蛋白质的酶、水解淀粉的酶、水解脂肪的酶等，老年人这些酶的活性都在下降。所以老年人蛋白质的用量，不仅不要减少，还要保证质量。

最好的蛋白质来自动物，如牛奶、鸡蛋、肉类中的蛋白质；植物类食品如黄豆、豆浆、豆制品也含优质蛋白质。所以，对限食，不要误解，不是什么食物都限，什么食物都少吃。过去我们中国有个民间谚语是："有钱难买老来瘦"，我说这话也对，也不对。对在什么地方呢？因它有适度限食的含义在里头；我说它不对呢，不是无限制地限食，越瘦越好。如果你过度限食，那么你的抵抗力、免疫力就会下降。一个小小的刺激来了，如天气变化降温，别人还没生病呢，你马上就病倒了，因为你的抵抗力不行。所以，限食要适度。为什么限食就能够延寿呢？

第一个原因是，从我们前面讲的衰老的自由基学说来看，限食以后，你吃进的粮食、脂肪少，那么进入细胞进行氧化的物质就少了，氧化过程中产生的氧自由基也就少了。氧自由基的来源主要是内源性的，我们自己体内产生的。在你一日三餐进食以后在细胞里进行代谢氧化过程当中，无时无刻、分分秒秒都在产生氧自由基。如果我们吃进去的食物少，氧自由基生成自然也减少了。

第二个原因是，我们人的代谢能力一辈子是一定的，比如说都是100，那么你适度限食以后呢，代谢的速率就会下降，代谢的潜力就增加，也就是说节约使用了这代谢能力，这就像我们生活当中一样，我钱节约下来了，存在银行，它还给我点利息呢。适度限食以后，可以使我们代谢的潜力增加，代谢的速率下降。

第三个原因是限食以后，有一些非正常细胞（如癌前细胞）就会自动死亡，科学上叫做凋亡。癌前细胞凋亡了，清除了，不生癌了，这对人是有利的，也是延寿的。

还有一个原因就是非酶糖基化，这个太专业，就不深讲了。对人来说，目前科学发现的人类延寿的最主要手段就是适度限食。

除适度限食外，我们还要平衡膳食。在生活当中，老年人要少吃盐，并注意补水。另外，充足的睡眠也十分重要。

下面讲一下心理健康。这是讲“如何延缓衰老”最主要的内容，是重中之重。不要说我老了，我就自怨自艾，越是这样，越容易得各种疾病。民间有个谚语：“人活七十古来稀。”我跟学生讲，这句话我要把它改改，改成“人活七十不稀奇，八十还是小弟弟，百岁是可以达到的”，要有这个心态。如果你有什么烦恼了，比如说钱丢了，你就想：“丢了就丢了，破财消灾嘛。”要自我调节，要使自己保持乐观情绪，心态要健康。我劝老年人要三个忘记，即忘记年龄，忘记烦恼，忘记恩怨。

两位老寿星

我在写《健健康康活百岁，有滋有味过百年》这本小书的时候，采访了几位知识界的精英。一位是南大的教授，名叫郑集。他过 100 岁生日的时候，我去南京贺寿。10 年前我 65 岁，他 100 岁。他做五六分钟的即席发言，不用讲稿，条理很清楚，声音非常洪亮。他也不要人扶的，自己上台，讲完了自个儿下台，我在台下听了觉得自愧不如。2010 年，他过完 110 岁生日不久就去世了。他是一位生物化学家，是我们生物化学界的老前辈，还是一位营养学家。你看他的养生之道吧：他 74 岁时不会日文，开始学

104 周岁时的老寿星郑集教授与和平鸽

日文，心态非常好；84岁那年，他编写出版了《衰老与抗衰老》一书；92岁时写了保健歌一曲，“粗茶淡饭是基本，寡欲清心是妙方，心气和平精神爽，四体勤劳少病殃，慎避贼风与虚邪，精神内守保健康”；97岁，再版《衰老与抗衰老》。

下面我们再介绍一位女同志，严仁英教授，是我们北大医院妇产科的老主任，是刘少奇夫人王光美的嫂子。1913年出生，现在该97岁了吧。我是2005年去采访她的，老太太精神得不得了。右图是当时拍的照，那时她是92岁。我问她：“您为什么长寿？”她说“我是没心没肺的，就活得很滋润。”她说，“心胸要宽广，与人为善，淡泊名利，遇事不急，不计得失”。

■ 严仁英教授92岁照

21世纪人活百岁不是梦

我们过去谁也不敢讲“人活百岁”的可能性，现在可以说了，这是有一定依据的。例如，1997年美国一本杂志就登载文章说，1800年美国人的平均寿命是50岁。由于公共卫生条件的改善，到了20世纪初，美国人平均寿命达到了60多岁，这时主要是营养状况改善了，医疗条件改善了。到了1940年，美国人均寿命达到70岁，那是因为有抗生素应用了，人均寿命提上去了。到了1950年以后，美国人均寿命将近80岁。到了1960年，因为疫苗，还有抢救技术提高，生活观念、生活方式的改变，平均寿命到了80多岁。现在，根据我们对衰老机理的研究，非酶糖基化是促进衰老的，这篇文章说如果想办法抑制非酶糖基化，那么美国人平均寿命会提高到90岁；如果再使用清除氧自由基的抗氧化剂，美国人均寿命可以预计活到100岁；如果再辅以激素治疗，那么美国人均寿命可以达到110岁；再加上基因治疗，美国人的平均寿命就可以达到120岁。这篇文章是将“人活百岁”的概念具体化了，有些方面是不是真能做到，还得走着瞧。但看来这一问题在本世纪起已不是那么玄乎了。

所以，21 世纪是健康老龄化的世纪，是人活百岁不是梦的世纪，它是有科学依据的。我们有一个中华健康老年网（http://age.bjmu.cn/）是无偿为老年人服务的，欢迎大家来访问。

答问

问题： 请问现代的基因复制技术是否能看做是人类长寿的一个相对正确的研究方向？

回答： 利用基因重组技术进行基因治疗，对于长寿一定会有帮助的。不过我想更好的一个办法，就是利用干细胞。因为我们人体不同的器官衰老程度不一样，可能某位老人有个器官功能不行了，但他整体情况还是可以的。所以将来如果用发展起来的干细胞技术，帮他换掉那个功能衰退的器官，那么他就可以多活好多年了。

问题： 请问老年人应如何注意日常饮食？转基因食品对老年人的健康是否有影响？

回答： 比如说老年人容易便秘，可以吃香蕉通便，香蕉的钾离子含量很高，钾离子好在哪里呢？它能保护心脏。另外呢，香蕉它促进胃肠蠕动，可以解决便秘的问题。我刚刚还少讲了一个问题，老年人要多吃含纤维素、膳食纤维的食物。老年人因胃肠功能下降，肠蠕动慢而易患便秘。老年人应多吃高纤维素食物，因为纤维素分子大不被我们吸收，它还吸收水，自己体积膨胀，刺激肠道，增加肠蠕动而通便。老年人应多吃蔬菜水果。还有很多的微量元素，也是老年人需要的，这种食物有这种微量元素，那个食物含有那种微量元素。吃的杂一些，你什么微量元素都补齐了。至于基因食品，现在还没有看到它们对人的健康长寿有何具体影响。

问题：从自然科学的角度来解释衰老长寿这个问题是非常重要的，但是从社会科学的角度来讲，我们社会又面临着一个矛盾，即老龄化社会的供养、医疗等问题。对这些话题您怎么看呢？

回答：健康长寿是生命科学永恒的主题。不过，这两个主题还是有主次的，健康放在第一位，长寿放在第二位。所以，最重要的还是健康。如果健康的话，国家或者你个人支出的医药费、护理费等等就会减少，家庭负担轻，就幸福，就比较和谐。我们研究衰老就应致力于健康方面，延长老年人的健康期，缩短带病期。研究活到多大年纪，活得越长越好，这不是我们研究的目标。第一奋斗目标是让老年人都健健康康，还能帮子女、社会做些事。这样，独生子女的负担比较轻。老人们老有所为，仍是社会的财富，而不是负担。像前面我们列举的老寿星例子，利用经验与能力在高龄时还可以为社会做贡献。所以，如何保持老人的健康，不得病、少得病是问题的关键。

黄大昉　**并非洪水猛兽**

——浅谈漫议转基因

导读

“转基因”已经开始走进千家万户，更多的转基因食品即将摆上餐桌。那么，什么是基因，什么是转基因？现在国内外转基因作物已经发展到什么程度？为什么我国农业未来发展离不开转基因？转基因作物和转基因食品安全不安全？我国如何进行转基因评价和管理？

上述问题都是大家想了解的，本文均做了详实讨论和解答。阅读此文，可以打破基因和转基因的神秘感，增加对转基因食品安全性的理性认识，并得到以下认知：现代生物技术发展日新月异，势不可挡。生物育种，特别是转基因技术对农业和经济发展以及人类进步具有巨大的推动作用。凡是批准上市的转基因食品可以放心食用。要在加强管理、预防和规避可能存在的风险、确保人类健康和生态环境安全的前提下，加快研究开发，积极推进转基因品种产业化。

并非洪水猛兽

——浅谈漫议转基因

黄大昉简介

1965 年毕业于北京农业大学植物病理专业。1986~1988 年和 1992 年曾以访问科学家身份赴美国康奈尔大学从事微生物分子遗传研究。1995~2005 年任中国农业科学院生物技术研究所研究员、所长，农业部农作物分子生物学重点实验室主任，现任中国农业科学院生物技术研究所研究员、博士生导师。长期致力于植物病虫害生物学与农业生物技术研究，在国内率先开展植物病原真菌抗药性、病原真菌遗传转化与杀虫防病微生物基因工程等项研究，现任国家“973”计划项目（“农业微生物杀虫防病功能基因的发掘和分子机理研究”）首席科学家。

现在大家对转基因食品和食品安全越来越关心。“转基因”这个概念实际上已经开始走进千家万户。大家都知道，我们穿的很多衣服是用棉花做的。因为我们国家 70%以上的棉花地种的都是转基因棉花，所以，我们日常穿的衣服里都已经有转基因的成分了。

另一个方面就是食品。现在我国每年进口超过 4000 万吨的转基因大豆，而我们自己生产的非转基因大豆才 1500 万吨。也就是说，我国市场上卖的大豆油大部分都是用进口转基因大豆榨成的油。

目前，关于转基因食品有些争议。在超市上大豆油会标记是转基因的或非转基因的，有的人可能比较留意不买转基因的，可很难避免食用转基因大豆油。

另外，市场上卖的很多木瓜也是转基因食品。我国最近批准了转基因木瓜的种植，木瓜也越来越受到老百姓的欢迎，因为它营养好，而且含有能够助消化的木瓜蛋白酶。现在市场上 70%以上的木瓜，都是我国自己生产的，还有一部分是从台湾地区和

我国 70%以上的棉花都是转基因棉花

夏威夷进口的，那里的木瓜已经全部是抗病的转基因品种了。

至于跟我们的健康有关的一些药品、检测试剂等，涉及转基因技术的就更多了。我们每个人去抽血、验血，一滴血就能检测出很多生理指标，这里面有不少生物制剂，很多都用到了转基因技术。可以这么讲，转基因技术已经开始跟我们每个人的生活息息相关。

基因和转基因

说到这里，大家自然地会提出一个问题：什么是基因？转基因是怎么回事？

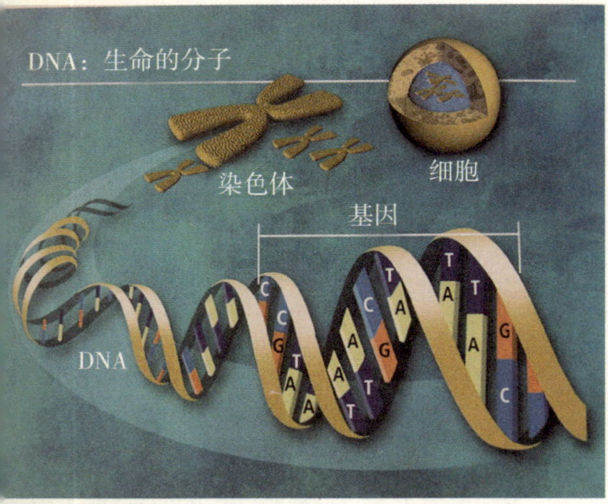

■ 细胞结构图

很多人可能听说过DNA。所谓的亲子鉴定，就是要鉴定DNA，警方破案也要用DNA。DNA是脱氧核糖核酸的英文简称。我们每个人的细胞里都有DNA。左图是一张细胞结构图，内中有染色体，DNA就在这个染色体里。我们每个人、每种生物为什么会千差万别？差别就在DNA上，它带有遗传信息。所谓基因就是由DNA组成的、决定生物遗传性状的最基本的单位。咱们中国人有句话叫“种瓜得瓜，种豆得豆”。为什么种瓜长瓜而没结豆？为什么种豆结豆而不长瓜？就是因为豆有豆的基因而瓜有瓜的基因。两种基因的遗传基础不一样。

基因有多大？不同生物的基因大小不一样。以一般的细菌为例，在一根头发丝的宽度上，大概可以容纳数百个基因。我们人的基因，现在已经知道的大概有3万~5万个。

再来说说转基因。现在种植的绝大部分作物并不是自然进化而生的野生品种，而是经过千百年的人工选育、转移基因所创造的新物种或新品种。这里有张示意图：右边是我们现在吃的西红柿，个儿很大，而左边是古代的西红柿，也就是野生的西红柿，只有这么一点点大，而且还含有一些毒素。经过千百年人工培育和自然选择，人类就把那些个儿大、味道好、色泽漂亮，吃了安全的西红柿选出来了，这就成了我们现在的西红柿。这个过程，实际上就是一种转基因的过程，把决定好的性状的基因转进来了，把决定不好性状的基因淘汰了。

西红柿

玉米同样是经过了漫长的自然进化和人工选择，转移了大量的基因才变成现在的模样。所以，转基因并不神秘，要培育高产优质的农作物，就得改造它的基因，改变原来的植物属性。

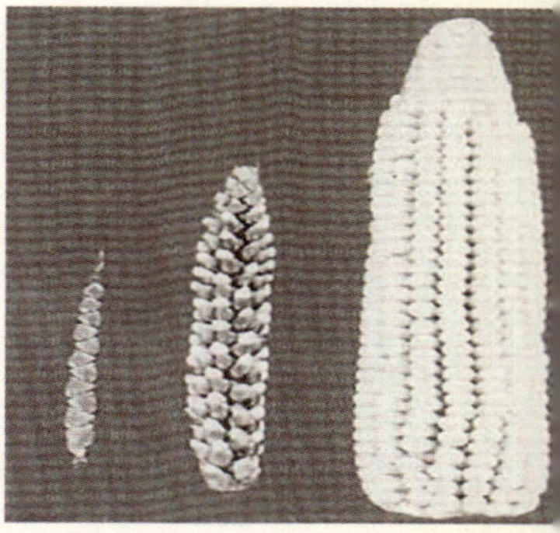

玉米

所以说穿了，基因和转基因并不神秘，绝不是什么妖魔鬼怪、洪水猛兽。

下面还有一张示意图，把现代转基因技术和前面说的传统转基因技术，即常规杂交育种技术作了一个比较。以水稻为例，水稻原来是不能抗虫的，要使它抗虫有两种方法：一种方法是常规用的杂交方法，让它同具有抗虫特性的野生材料杂交，但野生材料中往往存在大量没有什么用的，甚至有害的性状，比如造成减产的基因、影响品质的基因等，一杂交统统进到后代中去了。最后想除去不好的基因，育成一个既抗虫又高产优质的品种就得经过很多很多代的选育，时间漫长不说，而且还有可能失败。遇上野生材料中也找不到所需要的抗虫基因，或材料之间因亲缘关系相差太远而不能杂交，那育种根本就无法进行了。

另一种方法是采用现代的转基因技术，情况就不同了。首先我们可以把需要的抗虫基因从野

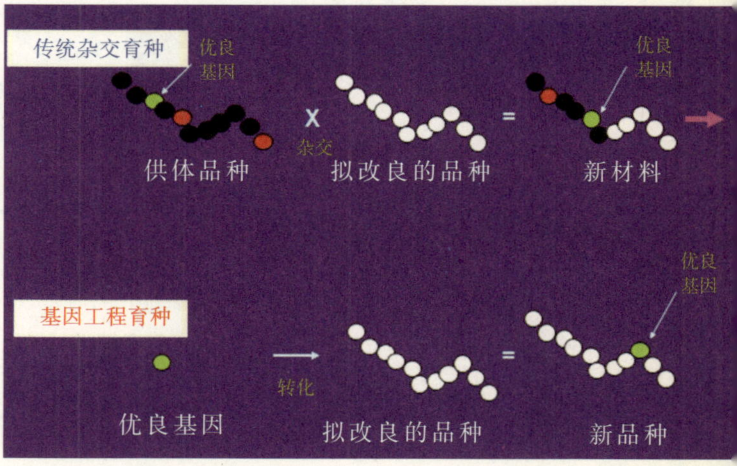

基因工程育种与传统杂交育种方法不一，本质相同，都是在原有品种基础上对遗传基因进行改造，但基因工程能使其更为精确、更有预见性、效率更高

生材料，甚至从其他生物中单独分离出来，或者克隆出来。然后用高效的基因工程方法将这个基因导入准备改良的那个品种，比如高产优质却不抗虫的水稻，抗虫基因进去以后，对原有的性状都没影响，很快就能育成一个既高产优质又能抗虫的新品种。所以，采用基因工程育种技术不仅准确高效，而且由于转移的基因结构功能清楚，可以确保安全。这就是现代转基因技术的一个大致概念。

采用基因工程育种技术不仅准确高效，而且由于转移的基因结构功能清楚，可以确保安全。这就是现代转基因技术的一个大致概念。

以转基因技术为核心的生物技术，以现代生命科学发展为基础，是一门新型的综合性学科。利用这一技术，人们可以按照预先的设计和目标对生物体进行改造，实现传统技术手段的更新，加快农业生产方式的转变，大幅度地提高农业生产力，为人类生产出所需要的粮食、医药、食品、能源、化工原料等各类产品。

转基因作物发展势不可挡

转基因技术由于好处很多、威力很大，所以它出现以后发展速度非常快。转基因作物现在已经发展到什么地步了呢？左图是国际一家权威的信息机构——农业生物技术服务组织发布的1996~2008年全世界转基因作物种植的统计资料。确切地说，这项技术在20世纪80年代中期进入开发，到1996年开始进入产业化，当年全球种植面积达到了170万公顷。以后一路攀升，到2008年

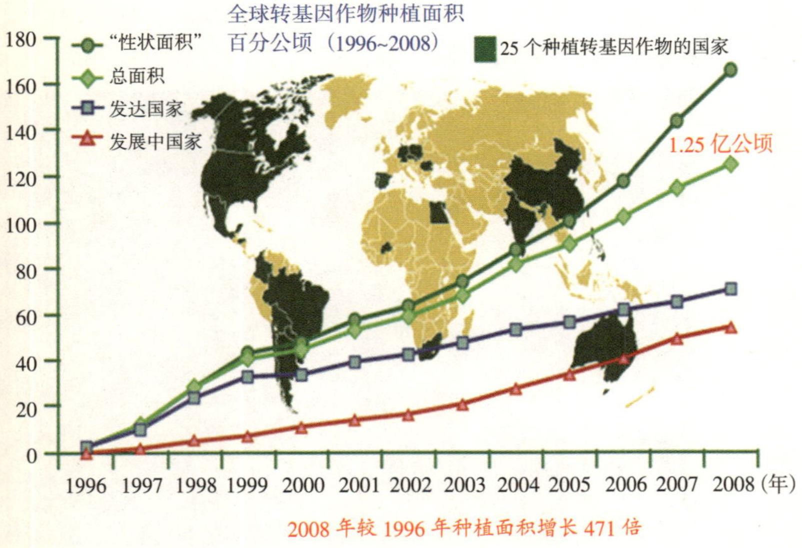

■ 全球转基因作物种植面积示意图 2008年较1996年种植面积增长471倍（资料来源：Clive James,2008）

时种植面积已达到 1.25 亿公顷。1.25 亿公顷就是 18 亿亩，相当于我国全部耕地面积。12 年间全球转基因作物种植面积增长 471 倍，发展速度如此迅猛，体现出转基因技术强大的生命力，创造了农业科技发展的奇迹！全世界正式批准大面积种植转基因作物的国家，包括美国、加拿大、巴西、阿根廷、中国、印度、澳大利亚，还有非洲、欧盟的一些国家，总共有 25 个。还有 29 个国家，尽管没有正式批准商业化种植，但允许小面积试验研究，或进口转基因作物用于加工食品和饲料。如日本，虽然没有大面积种植转基因作物，但可以进口大豆来做饲料、豆腐和食用油。也就是说，全世界有 54 个国家都在应用和推广转基因技术了。

从全球范围来看，现在 70%的大豆、46%的棉花、24%的玉米、20%的油菜都已“转基因化”。在美国，很难找到一块棉花地不是种植转基因棉花的。我国河北、山东、安徽等植棉大省，也全部种植了转基因棉花。

再来看转基因作物的产值效益。1996 年全世界的转基因作物的产值是 1.15 亿美元，而现在已经发展到将近 75 亿美元，它的产值还在不断地上升。国际上一些权威机构都预测转基因作物种植面积以后还会迅速地增长。再过七八年，大概会有 40 多个国家允许种植转基因作物，种植的农户还会大大增加。

尽管我们从媒体上知道到关于转基因技术有一些争论，可应当指出，

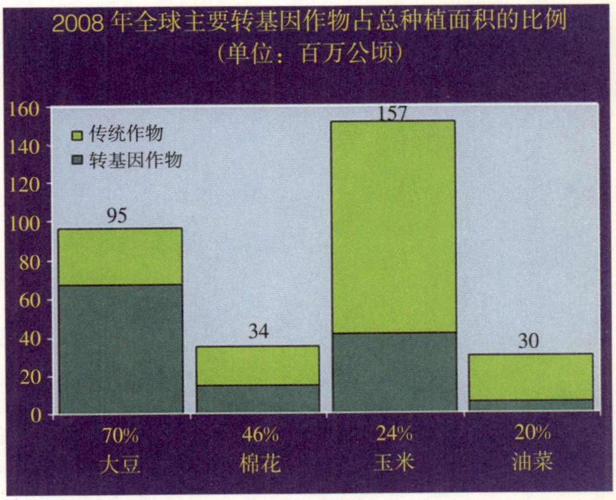

■ 2008 年全球主要转基因作物占总种植面积的比例
（资料来源：Clive James，2008）

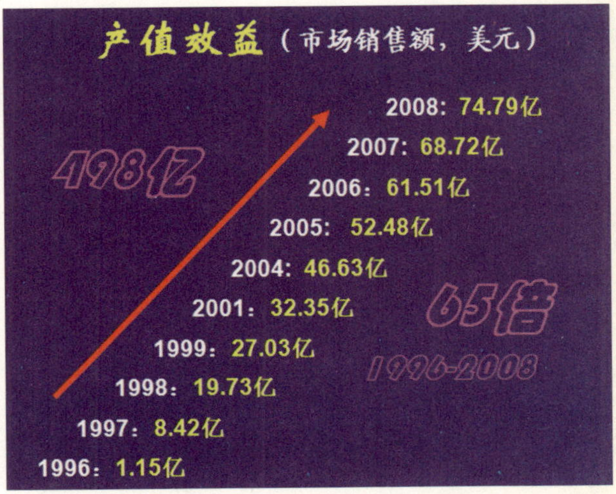

■ 全球转基因作物产值效益（资料来源：Cropnosis，2008）

这种技术一直在争论中不断地发展。可以看出它的发展已势不可挡，难以逆转了。因为它对农业生产有重大的推动作用，对我们经济和社会的发展有重大的推动作用。尽管人们可能还有一些担心，还有一些怀疑，但它的发展反映了技术进步的一种不可抗拒的规律。随着技术本身的不断完善，它一定会对经济和社会做出更大的贡献。

转基因育种是保障粮食安全的必然选择

为什么我国农业的发展离不开转基因呢？大家都知道，我国农业近二三十年来取得了举世瞩目的成就。简单用三句话概括就是：我们用占全世界 9%的耕地，生产了占全世界 25%的粮食，养活了占世界 20%的人口。我国农业成就巨大，但我们也必须透过现在繁荣的市场，透过不断报道的粮食丰收的好消息，看到我国在农业上存在的问题。

人口压力与粮食安全

	2007 年	**2020 年**
人口增长（亿）	13.14	14.5
粮食总产量（亿吨）	5.015	6.30 （人年均 433 千克计）
粮食总量增加（%）	100	126
粮食单产平均增加 （千克/亩·年）	1.8 （前 9 年）	3.2 （今后 13 年）

这里有一组数字，我们现在的人口是 13.14 亿，到 2020 年，人口将达到 14.5 亿，预计比现在还要增加 1.4 亿人口。那么，粮食总产量就应该在我们现在的基础上，要增加 26%。也就是说，11~12 年后，粮食产量要增加 1/4 才够吃，才能满足我们国家经济发展的需要。这就要求在土地没办法增加的情况下提高粮食产

量。怎么办？耕地不但不可能增加而且还会减少，看来只能靠提高单位面积产量，才能满足我们对粮食的需要。单位面积产量的提高意味着什么呢？意味着科学技术必须要有一个大的提升和突破，这样发展科技问题就非常突出了。

我们再看右图，这个是我国从 1998 年到 2008 年的粮食产量的一组数字。1998 年全国粮食产量超过 5 亿吨，达到了当时历史最高水平。可是，从 1998 年以后粮食产量就一路下跌，到了2003 年掉到了 4.3 亿吨。所以那个时候中央非常着急，采取一切措施加强农业的基础地位，强调“三农”问题，连续 5 年发布了一号文件，最重要的就是要把粮食产量搞上去。实际上我们花了 10 年的努力才基本恢复到 5 亿吨这个水平。再有，我国资源短缺和环境恶化的情况在世界上也是非常突出的。我们人均耕地只有全世界平均水平的 40%，而且还在不断减少，已经逼近了 18 亿亩的红线。我国水资源也非常匮乏，人均水资源是世界平均水平的 1/4。另外，我国农业灾害，包括病虫害、旱涝盐碱、沙漠化等都非常严重，江河土地污染，湖泊海域富营养化等在世界上也是非常突出。可以说，发展农业今后仍然是困难重重。

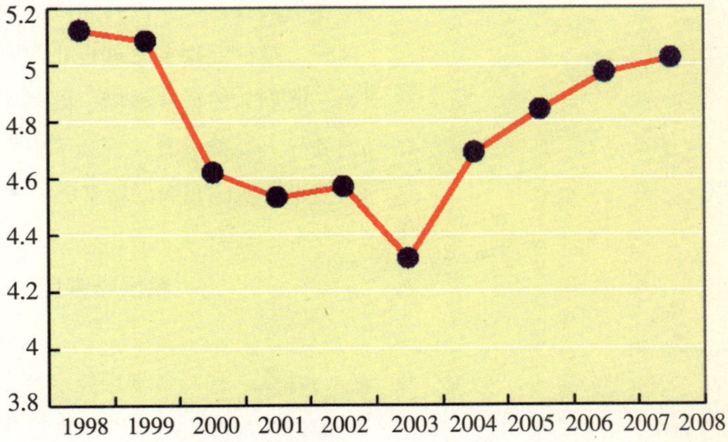

我国 1998-2008 年粮食产量（10 年徘徊）

如果按照国际标准来计算，我们国家还有 1 亿农民生活在国际贫困线之下，也就是说每人每天的消费不到 1 个美元。中央为什么如此重视三农问题？正是因为上面提到的这些现实的和长远的问题。所以，我们必须采用新的技术来进一步改造农业，将转基因技术同常规的农业技术相结合，实现技术创新就能达到高产优质、多抗高效、多能增值、促进农民增收等目的，就可以保证我们国家未来的粮食安全、生态安全，提升国家的科技竞争力。

有人问：不用转基因技术行不行？如果不在现有技术基础上有个大的飞跃的话，解决不了将来我们的粮食缺口问题，解决不了经济社会发展的需求问题。早在20世纪80年代，邓小平同志就说过，将来中国农业问题的出路，最终要靠生物工程来解决，要靠尖端技术。我国几届政府领导人对这个问题都有清晰准确的判断，最近温家宝总理也非常明确地讲，解决中国的粮食紧缺问题，要靠大的科技举措，要靠生物技术，靠转基因。正是因为我国领导人高瞻远瞩，看到了中国未来的农业发展前景离不开转基因技术，所以我国的转基因技术才有这么快的发展。

我国转基因技术进展快后劲足

那么，我国转基因技术现在发展到了一个什么水平？举一个例子，就是前面提到的抗虫棉花。拥有自主知识产权的抗虫棉的研究开发是我国独立发展农作物生物育种，打破跨国公司垄断，抢占国际生物技术制高点的成功事例。20世纪80年代末90年代初，当时我国的棉花几乎种不下去了，好多棉农都不种棉花了。为什么呢？因为棉铃虫危害太严重了。这种虫子不仅吃棉花，同时也危害其他作物。所以那时就老打药，有的农民一个生长季节3个多月，打十几次、二十几次、甚至三十几次药，结果棉铃虫还打不死，因为对农药有抗性了。有农民说他拿棉铃虫去喂鸡，结果鸡都死了。当时有很多棉农都中毒了，1990年有个统计，当年中毒的棉农有一万多人，死亡的上千人。

危害棉花的棉铃虫

当时中央领导

非常着急，说谁要能解决这个问题，就是对国家农业发展做出了重大贡献，该给他记一大功。所以那个时候咱们国家很多农业科学家都把解决这个问题作为主攻目标，于是想到了转基因的方法。因为棉花本身不抗虫，必须要导入一种抗虫基因，所以就找到了一种叫苏云金芽孢杆菌的有益细菌。这种细菌很妙，它在生长的过程中能产生一种晶体蛋白，这种蛋白能杀死害虫，但是对人很安全。把这种晶体蛋白的基因进行克隆，然后转移到棉花植株中，棉花就能抗虫了。

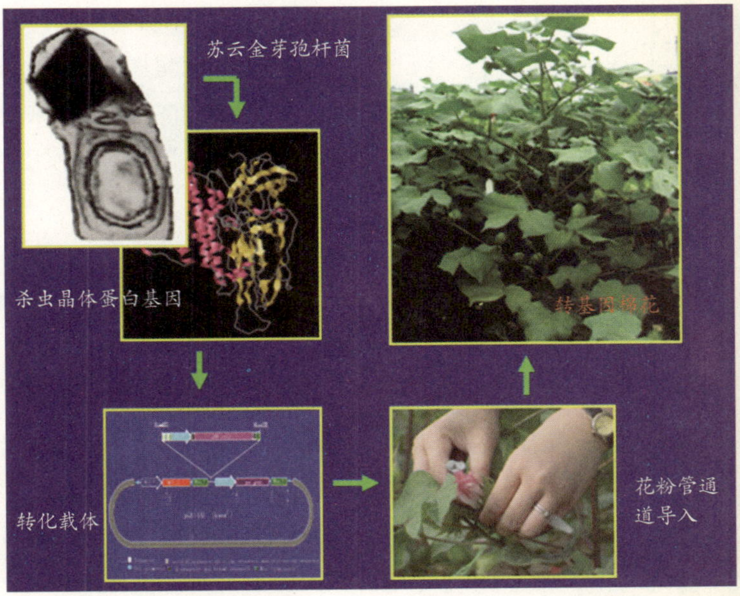

■ 用转基因方法增加棉花的抗虫性

抗虫棉花推广后，我国的棉花生产又恢复了，不仅农民受益，城里老百姓也受益。因为我国棉纺织业非常发达，而且还大量出口，所以抗虫棉的种植也保证了我国棉纺织业的稳定发展。到2007年为止，我国转基因棉花的种植面积已经超过了5700万亩，占整个棉花种植面积的70%。推广9年以来，累计减少农药使用65万吨，相当于我国一年多的全部农药产量。农田的环境污染指数降低了21%，创造的社会经济效益超过360亿元，农民增收240亿元。

■ 抗虫棉花

现在农民增收很不容易，增加一点都很难，可是这项技术使棉农真正增收了。正是因为转基因技术能给我们的农民和农业发展带来这么大的好处，所以政府又下决心把转基因生物新品种的培育列入国家中长期科技发展规划，列入 16 个国家重大科技专项，现在这个项目已经启动了。

所谓 16 个重大专项，都是哪些呢？大家熟知的载人航天、登月工程、大型核电站、水污染防治、第三代无线通信等都是，它们对国民经济和国家未来战略发展无疑具有重大作用。在农业上，唯有转基因生物育种技术列为 16 个专项之一，由此可以看出它的重要性。

转基因植物和食品有哪些

我国已经批准种植的转基因植物有以下几种：抗虫棉花、抗病毒的木瓜和抗虫的杨树，就是用作防护林和绿化的杨树。现在真正在大面积种植的主要就是这 3 种。早先还曾批准过抗病毒西红柿、耐储存西红柿、抗病毒甜椒和辣椒，还有一种花卉——矮牵牛。但后来由于种种原因，主要是育种方面没有及时跟上，结果这几种转基因植物后来没能形成好的品种进入市场。

现在市场上到底有多少转基因食品呢？现在我国市场上的转基因食品只有两种：一种是用进口转基因抗除草剂大豆做的大豆油，还有一个就是转基因抗病毒木瓜。市场上其他丰富多彩、琳琅满目的农产品，还都不是转基因的。有人问：樱桃、西红柿，还有这么多好吃的瓜果是不是转基因的？我得说明，它们还只是近年引进或应用常规技术育成的新品种，并非转基因品种。

现在市场上到底有多少转基因食品呢？现在我国市场上的转基因食品只有两种：一种是用进口转基因抗除草剂大豆做的大豆油，还有一个就是转基因抗病毒木瓜。市场上其他丰富多彩、琳琅满目的农产品，还都不是转基因的。

说说转基因食品的安全性

关于转基因食品的安全性，首先我得讲一个基本的事实：自实现转基因作物产业化开始到现在已 13 年了，在各国进行规范管理、严格评价的前提下，全球数亿人口食用转基因食品后没有

真正发现，也没有科学证据证明转基因产品对身体健康产生损害；每年全世界上亿公顷土地都种植转基因作物，也没有发现生态环境受到破坏。以美国为例，目前61%的玉米、90%的大豆全都是转基因的。市场上含有转基因玉米和大豆成分的食品据说有3000种，老百姓吃的食品中70%含有转基因成分，并没有发现食品安全问题，这的确是事实。尽管多年来有人做过这样那样的试验说转基因不安全，媒体上也一时沸沸扬扬，但经过反复验证推敲，最终还是因实验证据不足而没能得到科学界的认可。现在就是这么一个状况：争议时有出现，担心也还存在，但并没有科学的证据。

食品安全涉及哪些问题？为什么有人还不断担心它会出现问题？所谓转基因食品安全，大概涉及三个方面的问题。第一，基因产物会不会使人中毒。比如说大豆，转基因大豆油里可能有抗除草剂基因的成分，它对人有没有危害？或者说抗虫玉米会产生抗虫蛋白，人吃了是不是会中毒？包括急性毒性、慢性毒性，致畸、致突变、后代影响等。

第二个问题是基因产物会不会让人过敏？现在大约有20%的人群对很多食物，比如说牛奶、豆制品，还有对环境中的一些花粉，容易产生过敏。

第三个问题是，即便基因产物是安全的，转移基因用的载体上还带有其他成分，比如抗生素选择标记、非必需DNA等，它们是否安全？对这几个问题，在研究基因、开发转基因产品的过程中必须要回答，而且要通过严格的试验来证明。前面提到的几种转基因作物产品都根据我国相关法规要求，通过了这三方面的严格检验和审查，证明它们同非转基因产品一样安全。

为什么说转基因大豆是安全的？原因是这种转基因大豆中转入了一种抗除草剂的基因，而这个基因只有微生物和植物里边有，人体里没有这个基因产物的接受体。大家都知道人被毒蛇咬了会中毒，为什么？因为蛇毒在我们体内有它的受体，蛇毒和受体结合就会使人中毒。所以，即便抗除草剂基因产物进入了人体，进到我

为什么说转基因大豆是安全的？原因是这种转基因大豆中转入了一种抗除草剂的基因，而这个基因只有微生物和植物里边有，人体里没有这个基因产物的接受体。

们的消化道了，但因为它没有受体，就不会起反应，所以就没有毒害。还有一点，虽然大豆有抗除草剂基因存在，可是在加工的过程中，通过压榨处理或化学抽提，基因和产物早就变成碎片了，不完整了，所以最后几乎检测不到其基因成分。现在用非常灵敏的仪器大概可以检测到皮克级别的物质，一个皮克是多大？10亿分之一克叫纳克，皮克就是还要减少1000倍，这种量称为“痕量”，即便检测到了对人实际上也没有什么害处。

为什么说现在培育的抗虫作物也是安全的呢？前面讲到抗虫棉花转移的是一种晶体蛋白基因，它来自有益微生物苏云金芽孢杆菌。苏云金芽孢杆菌的发现已经有100多年的历史了，其加工制剂大量用于虫害防治也有60多年的历史，对人、畜禽和生态环境一直很安全，是国际公认的安全等级最高的生物农药。其中的晶体蛋白是杀虫的主要成分，试验证明它既不是过敏原也不会对人有毒性，将此基因提取出来，再转移到作物里边去，培育出来的转基因抗虫作物同样也很安全。

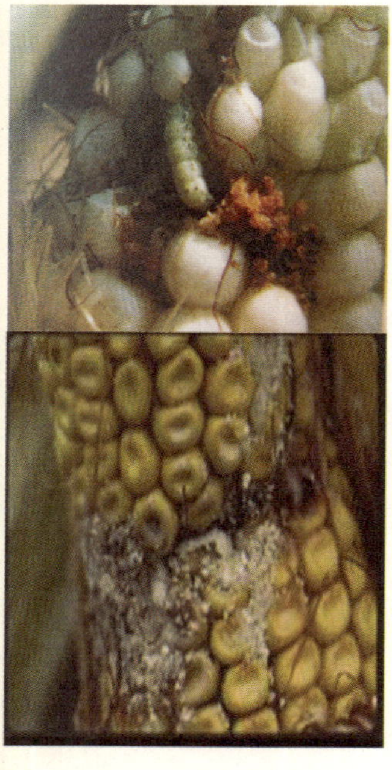

■ 非转基因玉米（虫害引起霉菌污染）

那么，为什么它对虫子有作用，而对人没有作用呢？原因在于人和害虫的消化道环境不一样，人消化道呈酸性而害虫消化道呈碱性。苏云金芽孢杆菌晶体蛋白只有在碱性环境里才能激活，并与害虫消化道中特异的受体相互作用，最后使其中毒致死；人的消化道为酸性，无法使晶体蛋白激活，而且没有该蛋白的受体，自然就不会中毒了。有人以为晶体蛋白同化学农药一样既杀虫又能使人中毒，主要是没搞清楚它们有不同的杀虫机理。

技术的不断进步也为转基因作物的安全性提供了更多的保障。过去转移基因时往往会携带抗生素标记基因、载体基因等必需的一些DNA片段，现在我们已经有办法将它们删除，只在植物中保留了结构清楚、功能明确，安全性经过检验的目的基因，并在管理条例中提出了明确规定。

种植转基因作物有时比非转基因作物还要安全。这里举抗虫玉米的事例。过去害虫危害玉米以后，不光是减少了产量，还诱发一些有害真菌的寄生，导致“二次污染”，产生诸如黄曲霉素、

■ 转B基因抗虫玉米

腐马霉素、镰刀菌素等对人高毒的真菌毒素。可是转基因的玉米在减轻虫害的同时也阻止了真菌的寄生，所以反倒更安全了。再看下图，这是不同地区、不同年份水稻用药的调查统计，种了转基因的抗虫水稻平均可节约80%的农药。

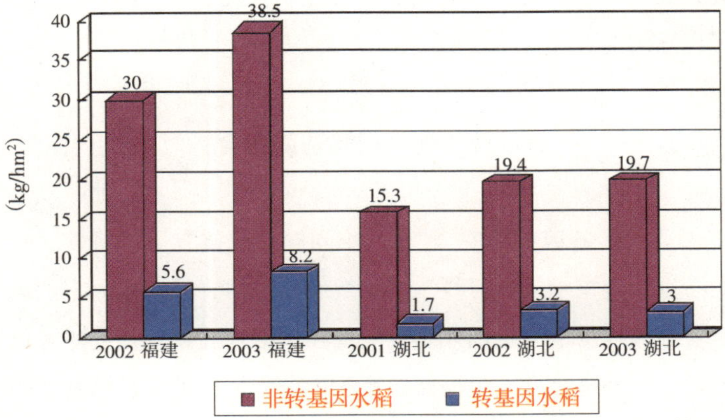

■ 种植转基因抗虫作物单位面积农药用量比种植非转基因生物减少80%
（资料来源：黄季焜，中国科学院农业政策研究中心，*Science* 2005）

懂得了上面讲的道理，就不难得出这样的结论：凡是批准上市的转基因食品都可以放心食用。

我国转基因安全管理严格规范

我们国家对于转基因技术的态度，一方面是要积极地发展，因为它对农业生产有巨大的推动作用；同时也要加强研究和管理，预防可能产生的风险。

我国是世界上较早对转基因作物进行法制化管理的国家之一。早在1992年，国家科委就制定了《转基因生物安全管理法规》，1996年，农业部正式颁布了《农业生物基因工程安全管理实施办法》。2001年，国务院又颁布了《农业转基因生物安全管理条例》。现在我国已经有比较健全的农业转基因生物研究评价和监管体系，进入了法制化和规范化的管理渠道。转基因这件事不是谁想干就可以干，谁想怎么着就怎么着的，它必须经过安全管理。我们现在已经建立并逐步完善了转基因食品毒性和过敏性的研究方法及试验体系，转基因成分的快速检测技术已经广泛应用，科研机构已经获得了大量科学的、具有说服力的试验数据。现在，我们国家的转基因棉花和水稻的环境安全性评价，已经走到了国际的前列。

科学理性地认识转基因安全

看待“转基因生物安全”，这个问题，应该有一个科学、理性的态度。应该承认任何科学技术发展过程中，都存在一定的风险，转基因技术也不会例外。

看待“转基因生物安全”，这个问题，应该有一个科学、理性的态度。应该承认任何科学技术发展过程中，都存在一定的风险，转基因技术也不会例外。我们现在严格管理，就是要避免出现问题。国外曾经有人想提高作物的蛋白含量，把豆科植物巴西坚果中的一种蛋白转到农作物里去，后来发现一部分人对这种蛋白过敏，工作就停止了，因为法律规定不允许转移可能引起过敏反应的基因。

哪些基因能转哪些不能转，我国也有非常明确的规定，所以现在允许转的基因绝对会保证大家安全。对于转基因未来的风险，应该属于科学研究的问题，要高度重视，但也要明白它不是现实的危害，和三聚氰胺、苏丹红等确实有害的食品添加物不是一个概念，不能把这两个东西混淆起来。混淆起来就会觉得凡是新的东西都不可靠，凡是没听说过的东西都不安全，那就乱套了，那就不是理性的态度了。

可能存在的风险不等于已经存在的现实威胁。把转基因混同于农药中毒，食品污染是认识上的误区。

可能存在的风险不等于已经存在的现实威胁。把转基因混同于农药中毒，食品污染是认识上的误区。有人要求转基因做到“零风险”，“保证它现在没问题，10年后也没问题，20年、30年、子子孙孙都不能有问题”。这种说法本身也是不科学的，因为世界上没有绝对安全的东西，安全不安全是一个相对的概念。任何事物都在发展的过程中，通过对未知领域的不断探索和研

究，我们的知识也在不断深化。

重要的是，通过严格管理，努力做到能够预测风险，并及时排除这种风险，这样就能在技术发展的过程中充分发挥它好的作用，而把它的不良影响减到最低程度。任何新技术的发展都不会一帆风顺的。最典型的例子就是汽车，汽车现在还在不断地制造安全事故，可是我们还要发展，要科学地发展。

关于转基因作物的争论，有关问题其实很复杂。刚才我们所讨论的，都是有关安全技术本身的问题，实际上转基因的发展背后还有非常复杂的政治、贸易、宗教、伦理等问题。欧盟为什么有相当多的国家不赞成转基因呢？欧盟是个福利社会，老百姓的生活水平很高，农产品也很充裕，他们之所以抵制转基因，固然有衣食无忧、不愿承担风险、不想改变现状的群众基础，但更重要的是一些国家政府用“转基因可能存在风险”作为绿色壁垒，不让美国的农产品进入欧洲市场。

我国安全管理条例的制订和实施也考虑到了维护我们国家的利益和粮食安全问题。至今我们也没有允许外国公司在中国种植生产转基因作物。

其实，欧盟不光在转基因问题上，在很多事情上对美国是抵制的。所以这里面有国际贸易和政治的背景。我国安全管理条例的制订和实施也考虑到了维护我们国家的利益和粮食安全问题。至今我们也没有允许外国公司在中国种植生产转基因作物。所以问题是比较复杂的，而有些媒体对此可能不太清楚。我想有的记者本人也不一定真懂转基因，却想把它当做新闻题材来炒作，你一炒作就把老百姓搞糊涂了，传来传去，结果陷入了认识的误区。

消费者的认知对于转基因技术的发展确实非常重要。美国、加拿大、巴西、阿根廷近几年发展那么快，跟这些国家对转基因的政策，跟他们的消费者对转基因的认知程度有很大关系。所以，现在需要更多的科技工作者走到群众中去，通过交流对话，让大家了解科学技术的发展，了解真实情况。

转基因作物育种前景喜人

未来的转基因作物什么样？前面举了好多实例，讲的都是抗病、抗虫、抗除草剂这些转基因作物。也就是说，现在国内外发展比较快的、种植比较多的，都是这些作物。农民现在非常欢迎转基因作物，因为少打农药了，节省人工了。但城里的老百姓对它们的好处知道不多，感受不深。现在城里老百姓关心的是什么？关心的是农产品营养如何，风味怎么样，有没有医疗保健功能，对健康到底影响怎么样？这些正是下一代转基因作物要解决的问题。国内外正在研究开发，而且有希望在近年里大面积种植或者端上我们的餐桌的，都有哪些转基因食品呢？

转基因的金色大米

先说说金色大米，这种大米大家在市场上没见过，普通大米米粒都是白色的，可它是金黄色的（左图）。它为什么是金黄色的呢？因为转进去了合成类胡萝卜素的三个基因。类胡萝卜素与维生素 A 的合成有重要关系，而维生素是我们人离不开的营养素。现在大部分城里人不缺维生素 A，可是贫困地区儿童维生素A 的缺乏非常严重。刚才我们谈到 4000 万农民现在还在贫困线以下，缺少维生素 A 的儿童眼睛不好，视力很差，严重了则会导致失明。据统计，全世界大概有 300 万儿童每年因为维生素 A 缺乏而导致失明。所以科学家要把几个基因转进去，吃了这种金色大米，同时也补充维生素 A，就可以预防眼病的发生。

美国也做了一种抗腹泻的转基因水稻的试验，其中转入了乳铁蛋白、溶菌酶和人血清蛋白 3 种基因。为什么婴儿食用母乳后免疫力强，就是因为母乳中含有这些基因。吃了含有这 3 种基因的大米就能提高肌体的抵抗力，就可以用来预防腹泻病。

现在我国畜牧业发展得非常快，大量的玉米现在主要是做饲料。由于畜禽生长离不开磷的营养成分，加工饲料时要加入大量的磷酸氢钙。其实，玉米本身就有一种含磷的成分叫植酸，但这种东西不会被动物分解利用而混进粪便白白地浪费了，更严重的是这些含磷成分在自然条件下能分解活化，导致水体的富营养化，加剧了环境污染。我国科学家将一种叫植酸酶的基因导入玉米，动物吃了这种玉米饲料就能直接消化吸收其中的磷营养，不仅提高了饲料的利用率，还使环境污染也显著减轻了。这种产品有可能在今后几年里获得应用。

国内正在研究的还有一种降钙素油菜。现在老年人中骨质疏松、骨痛这类毛病很普遍。有种药品叫降钙素，吃了可以减少钙的流失，减缓症状。可是，现在的降钙素是人工合成的，价格昂贵，一克原药就要将近两万块钱，一般老百姓是吃不起的。科学家找到了降钙素基因并把它转入油菜，使它能在油菜体里大量生产制造，这样就很便宜了，一般人都吃得起了。

还有一种就是抗旱作物。近年气候变化加剧了旱灾的发生，使农业生产受到很大威胁。现在国内外都投入大量人力物力研究能够抗旱的农作物。最近，美国科学家从一种有益细菌中找到一种抗旱的基因并把它导入了玉米，现在已经进行大面积试验。我国科学家也从植物中分离了具有抗旱作用的多种调控因子，目前也进入了田间试验。

转基因抗虫水稻

右图是我国科学家自

己研究开发的转基因抗虫水稻，转移的就是前面提到的细菌晶体蛋白基因。在发生严重虫害的情况下，转基因抗虫水稻依然郁郁葱葱，而没转基因的水稻一片枯黄，最后只能颗粒无收。这种抗虫水稻技术已经很成熟，有望今后较快投入生产应用。

最后总结几句话：现代生物技术发展日新月异，势不可挡。生物育种，特别是转基因技术对农业和经济发展以及人类进步具有巨大的推动作用。凡是批准上市的转基因食品都可以放心食用。要在加强管理、预防和规避可能存在的风险、确保人类健康和生态环境安全的前提下，加快研究开发，积极推进转基因品种产业化。

答问

问题：请问关于动物的转基因技术研究到了什么地步？

回答：利用转基因技术将外源基因导入动物的精子、卵细胞或受精卵，以培育生长周期短、产仔生蛋多、泌乳量高、抗病力强的后代，或提高动物产品加工性能，或创造产品新的功能，这也是农业生物技术发展的重要方向。我国近年来先后建立了转基因牛、绵羊和山羊等动物乳腺生物反应器和体细胞克隆技术平台，用于制造干扰素、肠炎病毒疫苗等多种药物蛋白，现已取得显著进展。但从总体上讲，动物转基因技术目前还没有进入产业化阶段，还需要大力加强基础研究工作。

问题：我国转基因作物的品种是从国外引进的还是自己研发推广的？如果是从国外引进的，怎么保证它的安全性？

回答：我国批准推广应用的转基因作物品种，如棉花、木瓜，允许大面积生产试验的水稻、玉米、小麦等都是自己研发的。根据有关安全管理法规，经过严格的安全评估和检验，我国也批准了国外转基因大豆、油菜籽的进口，但只是用于食品和饲料加工，未批准田间种植。

问题：转基因作物的种子会退化么？

回答：从理论上讲，经过可靠的转基因方法获得的品种，其中的优良基因能够在种子中长期保留，并遗传给后代。但由于难以完全避免自然界某些植物异花传粉的发生和种子加工、运输、销售过程中的混杂，有时会出现所谓的“退化”现象。如同普通品种的种子管理一样，解决和预防这一问题首先要从转基因制种繁育的标准化入手。

于军　**变与不变的思辨**
——谈基因科学与人类的未来

导读

人类基因组计划是一个跨时代的科学计划，它的直接目的就是要测定一个人类个体的完整基因组，解开人类基因的奥秘，开创生物学研究的新起点。

不仅人类的生命蕴藏着很多奥秘，地球上所有的生命都有它们自己的基因组和更多的奥秘。因此，人类基因组计划拓展到了研究人类基因之外，成为一门学问——基因组学。

随着人类基因组计划的深入开展、测序技术的不断完善，“一千美元一个基因组”的时代即将到来，这就意味着我们每个人的基因组，在不久的将来，都会被解开。基因科学的发展会为我们带来什么呢？科学家预言：当“一千美元测定一个人的基因组”的技术目标实现后，基因诊断和基因治疗就可以全面展开了。从2011年开始，美国将启动一个新的数据库，将把所有人类的遗传变异和跟疾病相关的信息注册，公开使用。疾病基因组研究也会全部启动，包括针对所有的遗传病和常见病的基因组研究。当我们面对的不是模式生物、不是一个抽象的人的时候，个体化基因组研究就开始了，个体化医疗的时代就到来了。

于军简介

基因组学及生物信息学专家，中国科学院“百人计划（国外杰出人才，2002）”入选人。先后参与并主持了国际人类基因组计划（包括中国部分）、超级杂交水稻基因组计划、家蚕基因组计划等重大科学研究项目。迄今已在包括《Nature》、《Science》和《PLoS Biology》等主要国际杂志发表科学论文150余篇，出版科学专著20余本（章）。

变与不变的思辨

——谈基因科学与人类的未来

人类基因组计划的启动与意义

我们这个领域历史上最重要的一件大事，就是人类基因组计划的实施。这是一个划时代的科学计划，其直接目的就是要测定一个人类个体的完整基因组，开创生物学研究的新起点。这个项目中一个很最重要的组成部分，是要研究该项目可能会引起的社会伦理道德问题，也就是说我们要研究基因的社会问题。我们许多人都知道一位伟大的科学家叫詹姆斯·沃森，他和弗拉西斯·克里克共同发现了 DNA 的双螺旋结构，我们从此走进了分子生物学时代。现在，他自己的基因已经全部解读了，但是他的“有毛病”的基因部分是不给大家看的，所以每个人都有自己的原则，我们应当尊重个人的隐私。

在最初设计这个计划的时候，就决定要专门拿出一部分经费来吸引中学生和他们老师的参与，让他们学会测 DNA 的序列，参与这个重大的计划。在 1994 年我参与做人类基因组测序的同时，也参与了这个教育计划。我参与了这个训练过程，参与了设计实验步骤，做出了一整套的方法，将仪器放在一个车里，开到中学去，让中学生们来做实验。从那时候开始，美国的中学生课本就介绍了人类基因组计划，也介绍了人类基因组计划对科学和社会造成的影响。我的小儿子在美国读书，他回来说：爸爸，我读书的时候，已经讲到你们的人类基因组计划了。他理解到，原来爸爸从头到尾就一直参与这样的计划，很高兴。他们这一代人无疑会认识到基因研究的重要性。

人类基因组计划是在1983年开始酝酿的。科学界有一个划时代的计划，把人的基因全部解开。当时大家面临的最重要的疾病是癌症，因此要把人的基因序列解开，才能真正找到癌症发生的原因。实现这个目标，花了10年做技术准备。测定DNA序列是一件非常复杂的事情。在20世纪70年代，已经出现了一个相关技术。发明这个技术的人叫弗雷德里克·桑格（Fred Sanger），他得了两次诺贝尔奖。一次是他发明了能够解开DNA序列的方法，另一次是他发明了解开蛋白质序列的方法。

人类基因组计划是在1983年开始酝酿的。科学界有一个划时代的计划，把人的基因全部解开。当时大家面临的最重要的疾病是癌症，因此要把人的基因序列解开，才能真正找到癌症发生的原因。

人类基因组计划从1994年开始了大规模的测序工作。到2004年，随着价格的进一步降低，只有原来设想的百分之一了，再到2009年的“一万美元测一个人的基因组序列”，发生了天翻地覆的变化。未来的口号叫做“一千美元做一个基因组”，预计在两年内实现。这就意味着我们每个人的基因组，在10年之内，都会被解开。基因组信息有什么用呢？我们现在能用的基因检测类别就很多，比如说床前检测、出生前检测、新生儿检测、携带者检测、诊断性检测、症状前检测、预见性检测。将来的应用潜力还有待于开发，但一定比现在多得多。

不仅人类的生命蕴藏着很多奥秘，地球上所有的生命都有它们自己的基因组和更多的奥秘。大家有没有仔细考虑过：地球的历史大概有50亿年，其中生命的历史大约有40亿年。40亿年前地球的生命就像我们现在的细菌一样，得用显微镜才能看得见。为什么地球上会有现在这么多的生命？如果40亿年前地球上只有像细菌一样的生命存在，那么我们的祖先也在那里面，而且这个生

命好像从来也没有死掉，一直在变化。所以，生物学家们一直在探索生命到底是怎么样发生的，怎么演变的。其中有一位很重要的科学家，叫查尔斯·达尔文，他提出来一个设想，认为生命是由简单到复杂，像棵树一样从根上长出来很多分支。

人类基因组计划因此而拓展到了研究人类基因之外，成为一门学问——基因组学。基因研究的最基本方法就是把地球上所有生命的遗传物质 DNA 的序列解读出来。读出来以后我们就会知道，他们的传承关系是什么。比如我们人类和哺乳动物间 DNA 序列的差异只是 7.5%，这就证明了达尔文是正确的，我们都有一个共同的祖先，我们从共同祖先分开了大概有 7.5%的距离。

人类基因组计划因此而拓展到了研究人类基因之外，成为一门学问——基因组学。基因研究的最基本方法就是把地球上所有生命的遗传物质 DNA 的序列解读出来。读出来以后我们就会知道，他们的传承关系是什么。

DNA 与生命

基因组就是我们细胞里所有 DNA 分子的总和。我们人有 46 条DNA 分子。DNA 由 4 种核苷酸的序列组成，很长，数以百万计，所以信息量很大。这有点儿像我们打的扑克牌，有 54 张，其中有 1 到10，还有 J、K、Q 和两张王。生命这副牌只有 4 种：A，T，G，C。我们所有的 DNA，就是这 4 张牌的排列。基因组学的研究，就是要把这些序列都读出来，然后研究这些序列的意义和变化。

DNA 从结构上讲是在细胞的里面。我们看起来是一个完整的人体，但是我们人体的每个部分，都可以分成细胞。这和大楼一样，砖头瓦块都是大楼的一部分。那么，我们用什么来建筑这些细胞呢？这个东西就是蓝图，这个蓝图就记录在 DNA 序列里。所以，我们要把这个序列解开，才能够知道这个蓝图。

除了 DNA 序列以外，生命还有很多其他的分子，有的叫做 RNA，有的叫蛋白质，这些东西都是根据这个蓝图制作的零件。假如我们把人比作一辆汽车的话，那么这些 RNA、蛋白质相当于零件，DNA 就相当于组装车的一个设计图。

假如我们把人比作一辆汽车的话，那么这些 RNA、蛋白质相当于零件，DNA 就相当于组装车的一个设计图。

基因组的复杂性还在于它的变化。人属于脊椎动物，我们可以看到，鱼类就是脊椎动物，或者说我们最早的祖先，像鱼一样在海里游泳，以鱼为伍。后来我们的祖先又爬到陆上，又钻到树林子里面跟猴子在一起，在大森林里采野果子和树叶吃。在非洲的大地上，我们找到很多人类祖先的化石，就跟黑猩猩一样个子也不高，大脑也不发达，以吃果子为生。

还有一些生命，它的变化不像脊椎动物这样越来越复杂。比如细菌，40亿年前的细菌到现在还是那个样子，还是要拿显微镜才能看得见。

还有一些物种的变化主要是多样化，比方说昆虫。昆虫中常见的蚂蚁到处都有，很难找一个没有蚂蚁的地方。现实中也可看到很多多样化的例子，比如说最高的人和最矮的人，他们的基因99.99%是一样的，只有一点点的地方不同就造成有的高有的矮。这些都是科学家研究的素材，是我们理解生命变化规律的基本材料。

基因研究与社会

基因研究乃至生命科学的重要性在于它应用的广泛。有人认为，在这个世界上，人类面临着十大挑战——能源、水、食物、环境、贫困、恐怖主义与战争、疾病、教育、民主、人口，其中8个都跟生命科学直接有关系，所以生命科学非常重要。如下图所示，

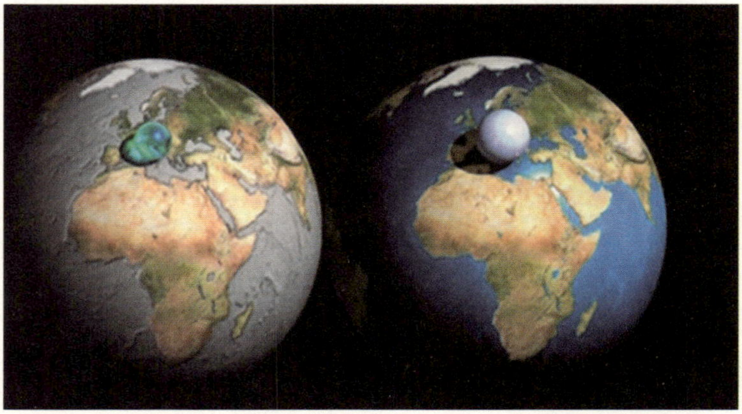

地球上所有的水和空气，和地球相比非常地少

我们地球上所有的水，放在一起跟地球比就这么一点点，所有的空气都装在一个球里面，跟地球的大小比的话也就这么一点。所以我们对环境的爱护、保护，对水的保护可想而知是多么的重要。

当然，我们最关心的话题还有很多。比如长寿的问题、后代的问题、环境的问题，还有现在所谓的个体化医疗。当一个新事物进入社会的时候，或者说我们社会面临一个新事物的时候，大家的反应都会不一样。在讨论和论战中大家才增加理解，增加知识，才能够把好的东西让社会尽快接受。

其实，我们中国人犯了非常多的错误，比方说转基因这个词在国外已经不用了，国外称之为遗传修饰。可我们国人却拿来炒作这个错误的概念，好像永远不放弃的样子。遗传修饰是生命科学里常用的一种科学实验方法。

另外一个例子是进化论。达尔文提出了进化论，但最初我们不是翻译成进化论，而叫做“天演论”，后来又叫进化论。其实“天演”也不对，“进化”也不对。更好的翻译应该叫做“变演论”，“变”是DNA，也就是遗传物质的属性；“演”是自然的属性，是个体和群体在自然选择下的动态描述。达尔文也讲到变，人的基因也好，其他生命的基因也好，序列都是在变的，然后在变的过程中生命会演化。我们把它翻译成进化论，“进化”好像是说方向性的东西，起码在中文里面是往前的意思。像恐龙，按照进化这个词来讲，它显然比鱼进化多了，但是后来却全都灭绝掉，一个都没剩。生命在“变”和“演”当中生存和死亡，这就是达尔文主义最重要的本质。但是由于我们把这个名词翻译成了进化论，就没有体现出来它的本质：变是它的本质，演也是它的本质。

基因诊断和治疗是分不开的，只诊断不治疗是不行的。下页上图是《时代周刊》杂志的一个封面——子宫里的手术。图片里的婴儿被诊断出来有先天性心脏病，在他出生前医生就可以把子宫打开给他做一个心脏手术。生命是从一个受精卵开始的，一个细胞会分裂成4个细胞，8个细胞，最后发育成个体。我们现在的基因检测能够做到：当这个受精卵分裂成4个细胞的时候，可以把其中

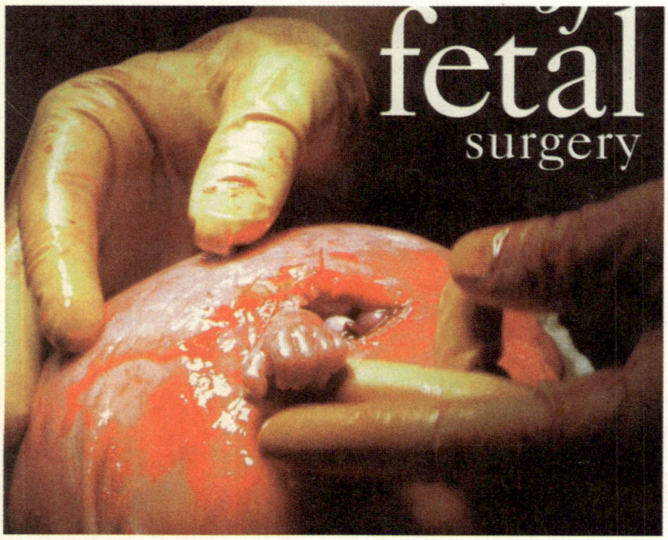

■ 《时代周刊》的封面

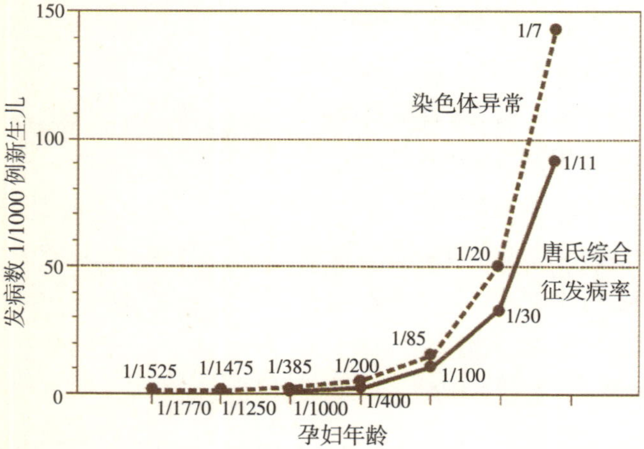

■ 随着孕妇生育年龄的增大，唐氏综合征的发病率也不断增加

的一个细胞吸出来，剩下 3 个细胞发育出来的胎儿还是正常的，不受影响。我们可以把那个拿出来的细胞做基因检测。当然，细胞还在发育，然后我们需决定要不要这个正在发育的受精卵。这样的手术在美国的几家大医院已经成为常规了，它可以在最大程度上避免很多先天缺陷的孩子诞生。

关于遗传病，各个国家都有非常精确的统计，这个数字相当惊人。所以科学家的目标是要提供一些手段来避免初生儿缺陷，减轻社会的负担。比方说唐氏综合征，这样的孩子很多，他们有的能够活下来，但是生活不能自理，智力相当于 3 岁孩子。虽然有的孩子会有一些特殊才能，但是总体来讲会给社会和家庭带来很多不必要的负担。左图是孕妇的年龄与唐氏综合征发病率的关系图。20 岁或者 30 岁生孩子时候是 1‰，到 40 岁的时候则是 1%，到了 45 岁是 1/30。这个概率很大，到了 45 岁以后，就是 1/7 了。想想看，因为生育年龄的不断增大，如果我们不能够做基因检测来避免遗传病发生的话，我们社会的负担就会相当的大。根据 2009 年的统计，我们目前可以做的基因检测大约有 1900 多个。也就是说，我们现在有 1900 个检测能够帮助查验各种各样的疾病。

从基因诊断到个体化医疗

我预言当“一千美元测定一个人的基因组”的技术目标实现后，基因诊断将会受到更多的重视。因为基因组信息获取的成本已经降到个人能够承担的范围。当然，到2020年价格变成100美元一个人的基因组的时候，保险公司就会拿钱给他们的客户测定基因组的序列，不用大家自己掏钱了。那个时候，基因作为一个生命蓝图，在每个孩子生下来的时候就可以获得，装在一个光盘里就可以了。目前，大概已经有几百个人的基因组已经完成测序，明年会上千，后年会上万，很快就会上百万和千万。

到了这样的时代，基因诊断、基因治疗就可以全面展开了，当然，这里会有个过程，会有复杂的社会问题需要社会的认同。有很多人对改造基因不能接受。就连我们探讨改造植物基因，很多人也都不接受。我的回答很简单：这些问题在于全社会的共同决策。大家都有自己的权利，当你有病的时候、需要的时候，你就知道人们会多么渴望治疗和救命。我有个科学家朋友，他是专门研究基因治疗的。后来他得了癌症，他就哀求他的学生说：“我冰箱里头有我研究出来的那个可以治疗癌症的东西，能不能给我自己先试一试？反正我马上就要死掉了，我不在乎。”但是他的学生没能给他治，因为这不符合法律规范。最后，他带着很大的遗憾在两个月之后去世了。所以，科学发现可能不会马上就能被利用。能否尽快被利用，在于我们大众的决策，在于我们社会的认同。

> 科学发现可能不会马上就能被利用。能否尽快被利用，在于我们大众的决策，在于我们社会的认同。

从2011年开始，美国将启动一个新的数据库，把所有人类的遗传变异和跟疾病相关的信息注册，公开使用。2011年疾病基因组研究也会全部启动，包括针对所有的遗传病和常见病的基因组研究。当我们面对的不是模式生物，不是一个抽象的人的时候，个体化基因组研究就开始了。个体化基因组研究的结果是让整个医疗系统都能利用和受益。这个时候，个体化医疗的时代就到来。我们科学家在为这个时代的到来而努力，大众应该为这个时代的到来而欢呼！因为这与所有的人相关，每个人都会受益匪浅。

基因与健康

生命科学研究的十大问题里，第十条就是人口的问题。我们中国的人口从 1950 年开始有一个峰值，另一个峰值是 20 世纪 50 年代人的后代。这一代人的生活越来越好，寿命也在增加。中国人寿命平均已经到 70 岁了。2035 年左右，一半人口就会在 50 岁以上，一半在 50 岁以下。从生命科学的角度来讲，我们要研究和解决的问题是：更年和老年。

过去我们忽略了很多研究，比如说更年期健康的研究。我们人类与其他灵长类的不同在于我们“后生育年龄”的存在，我们有 20 年的“更年期后生活”。也就是说 50 岁以后，我们就不能生育了。每个女人一生只有四五百个卵子，卵子一旦没有了就不能生了。这个现象只有人类才有，黑猩猩是我们最近的“亲戚”，它们都没有。

每个女人一生只有四五百个卵子，卵子一旦没有了就不能生了。这个现象只有人类才有，黑猩猩是我们最近的“亲戚”，它们都没有。

关于后生育期有个很深刻的理论，就是所谓的“奶奶效应”。这个故事是讲人类在以打猎为生的原始时代，住在山洞里，男的到森林去打猎，女的在附近拣野果子吃。偶然地，有一个家里的一个老太太，有了更年期，50 岁以后就不能再生育了，那么她的任务就是帮助她的女儿带孩子。因为有她的照顾，所以她的孙子被狼叼走的可能性就变小了，这一个家族活下来的人就多了。

就是说我们到 50 岁的时候，生理发生了很重要的变化，有些东西我们就没有了，有些东西是特有的，而且我们寿命延长了很多。当然，这里面还有其他的因素，跟我们人类的历史也有关系。我们可以想象，那个时候我们人类永远是吃不饱，永远在打猎。而且打猎的手段非常简单，就是几个壮小伙子，把猎物追死，然后拿来吃掉。后来我们有了农业，大家的生活发生了改变，但从有农业到现在才两万年，两万年对我们人来讲，是非常短的时间。所以我

们肥胖的原因很简单，是吃和消化能力的问题。胖人的基因非常好，能量利用的效率高，吃一点就饱了，吃多了就肥胖了。

这里有一个证据。当我们比较在大庆的中国人和在毛里求斯过旅居生活的中国人患糖尿病的概率时，发现大庆人的发病率只有百分之几，而毛里求斯的华人是15%。而现在整个人群平均的糖尿病的发病率大概是23%~25%，4个人里就有1个人得糖尿病。糖尿病的死亡率也非常高。另外一个相关因素就是肥胖。有个参数叫Body Mass Index（BMI），是我们体重和身高的一个比例。你体重越重，得糖尿病的危险系数就越大。

当然，癌症是更严重的一个问题，每天都有很多人死于癌症。癌症跟年龄也有关系，年龄越大发病率越高。根据美国国家癌症研究院的研究，以美国女性患浸润性乳腺癌为例，60~69岁的女性里，27人就有1个人得浸润性乳腺癌；年轻的妇女是200多个人才有一个。因此，癌症的发病率跟年龄也有关系。随着年龄的增加，我们更应注意自己的身体。

我们基因组学的研究要解决癌症的问题。尽管从1979年到

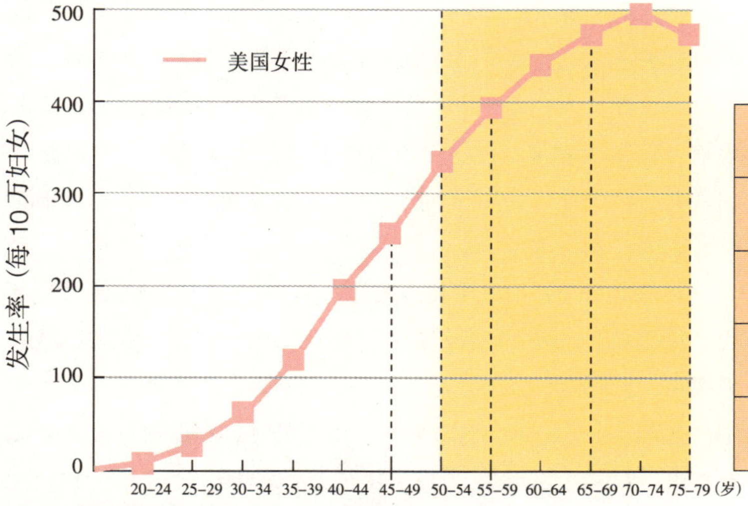

女性年龄和患浸润性乳腺癌的风险

年龄	发生率
30~39	1 / 233
40~49	1 / 69
50~59	1 / 38
60~69	1 / 27

■ 美国女性随着年龄的增长，患浸润性乳腺癌的概率越来越大（资料来源：美国国家癌症研究院）

2003年以来，各类癌症的发病率在降低，但是降低的幅度很小，只有前列腺癌症降低得最多。其原因在于我们有一个检测，是检测前列腺特有的一种分泌蛋白。有了这个检测我们就可以把发病率减少两倍，所以按照医生的嘱托去做体检非常重要的。

这也是基因研究对疾病治疗的重要贡献。在未来的10~20年里，我们会把所有与疾病相关的遗传因素都找出来。在过去几十年的研究当中，我们总结了几个很重要的东西，尤其在癌症研究方面，科学家有一个共识叫做“一个关键、两个技术、三种方法”。“一个关键”是要早期诊断，所以我们要定期去体检。“两个技术”中一个是基因诊断技术，还有一个就是成像技术。大家都知道所谓的成像，就是B超、X光、NMR这些能够成像的技术。这两类技术的发展，尤其是基因诊断在未来的20年里会有一个巨大的飞跃。“三种方法”，一个是DNA技术，帮助我们找到导致疾病的遗传变化；一个是蛋白质技术，前列腺癌的检测用的就是蛋白质技术；最后一个是药物筛选。由于基因组的研究的推动，药物研发速度也增加很快。这三个方面都很重要。

美国前总统罗斯福曾这样说过：“如果我们不是一个健康的国家，就不能成为一个强大的国家。”这话是普遍适用的。我们中国想要成为一个强大的国家，首先要健康才行。科学发现健康生活一共有七条：第一要定期体检；第二要维持体重；第三要健康饮食；第四要常运动；第五要控制血压和胆固醇；第六是戒烟；第七是别晒太多太阳，晒太阳太多容易得皮肤癌，而且很容易衰老。

我们大部分基因其实是健康的，但那是一种相对的健康。过去，我们人类的基因让我们的酶、消化系统锻炼得很强大，结果到现在，我们还没等改变好我们的全部基因，环境就先发生变化了，基因就不适应了。稍微多吃一点就肥胖，稍微熬熬夜就变成高血压，出现很多问题。所以，我们首先应当认识自己，意识到这些问题。

答问

问题：于军教授，您好。10年前我就在报纸上看到您的名字，今天能来听您的讲座我非常非常激动。我想问DNA序列是怎么测定的？与蛋白质序列测定是一回事还是两回事？

回答：尽管部分DNA的序列可以通过遗传密码直接翻译成蛋白质的序列，但是DNA和蛋白质序列的测定不是一码事，都需要用现代化的仪器。DNA序列的测定很复杂，要将很长的序列打断来分别测定，再根据序列的相似性组装回去。

问题：您能给讲一下遗传修复、基因治疗和个体化医疗这三个概念之间的异同吗？

回答：这三个概念大概是描述不同事情的。遗传修复其实是基因治疗的一部分，基因治疗的一个简单目的就是修复损伤的基因。个体化医疗我讲的很多了，是基于个人基因的特点来确定治疗方案，也包括宏观政策的制定。

问题：于教授，民间有句话说“龙生龙凤生凤，老鼠生儿打地洞”。您说基因和人的智慧有没有关系？

回答：这个问题的实质是遗传是否决定一切的问题。如果您在10年前问我这个问题的话，我的回答会含糊。现在我会非常清楚地回答。我们原来给基因的定义是一个狭义的，它在DNA序列上，是化合物的排列。但是现在我们发现，这个序列并不是决定我们生命现象的全部，只是一部分；还有一部分，我们现在把它叫做表观遗传物质，或者说这个东西不完全遗传。这一部分信息也很重要，我们正在解读。所以基因的控制至少有两个部分，一部分是遗传，是在DNA的序列上；还有一个部分是可变的和后天来的，现在我们正在揭示它的规律，我们已经知道它的信息是由什么东西编码的。

问题：我问一下，如果把动物的一些抗病基因用到人身上，

是否人也可以产生这种抗病的能力，同时又不会变成动物呢?

回答：你提到一个很重要的问题，就是说当我们把动物的基因，拿到人身上会不会改变人。其实我们还从来没有把动物的基因拿到人身上来过。尽管我们的很多研究是用动物，或称模式生物，来研究某一个基因的变化。我们没有必要把它们的基因拿到人身上，它们有的我们一般也有。因为我们不能在人的身上做实验，在动物身上是可以的，比方说用小白鼠，所以也研究动物的基因。

欧阳自远　**月圆之日话“嫦娥”**

——我国绕月工程主要科学成果漫谈

导读

第三单元

空间与气候

本文简述人类探测月球的历程和对月球的科学认识，月球探测的新形势与重返月球的缘由，中国月球探测的发展规划，嫦娥一号的科学成果与嫦娥二号的使命，中国月球探测的前景。

40 多亿年来，月球是地球唯一的卫星和忠实的伴侣，它们共同经历了荒古的演化历程。揭开月球神秘的面纱，探测月球的真实面貌，是当代科学技术进步和经济社会发展的需求，是人类自古以来的夙愿与梦想。

人类总要走出自己的摇篮——地球，探测月球是人类走向探测太阳系和探索浩瀚宇宙的起步。中国的嫦娥工程将要经历绕月探测、软着陆月球探测和月球取样返回三期工程，完成无人月球探测阶段，进一步实施载人登月阶段和建设月球基地阶段。与此同时，相互协调与持续开展火星、金星、小行星等太阳系各层次天体和太阳系空间的探测，走向更遥远的深空。21 世纪将是人类全面探测太阳系并为人类社会的持续发展服务的新时代。

嫦娥一号和嫦娥二号出色地完成了自己的使命，取得了圆满成功。嫦娥工程突破了一系列重大的关键技术，推动了众多高新技术的创新与进步，促进了中国月球科学、比较行星学及相关学科的诞生与发展，初步构建了深空探测的基础设施，培养和造就了一大批优秀的科技人才，为我国深空探测的持续发展打下了坚实的基础。中国理应为和平开发利用外层空间和人类社会的持续发展多作贡献。

欧阳自远简介

中国科学院地球化学研究所研究员、国家天文台高级顾问，中国科学院院士，第三世界科学院院士。在国内外发表论文430余篇，专著11部，主编专著13部。研究成果获中科院自然科学一等奖与科技进步一等奖、国家科技进步特等奖等。担任我国绕月探测工程首席科学家，具体设计我国首次月球探测的科学目标与载荷配置和第二、第三期月球探测的方案与科学目标。

月圆之日话“嫦娥”

——我国绕月工程主要科学成果漫谈

人类最熟悉的只有两个天体，一个是我们每天都见到的、光芒万丈的太阳，另一个是晚上我们能够看到的、晶莹洁白的、非常温馨的月亮。月球是地球唯一的天然卫星。40多亿年以来，月球是地球的忠实伴侣，一直伴随着地球，共同经历了荒古的演化阶段。月球表面被小天体砸得千疮百孔，所以它也阻挡了一部分小天体对地球的撞击。对地球来说，月球的引力影响使地球掀起了汹涌澎湃的海洋潮汐，为地球增添了很多活力。因此，月球对地球生命的诞生，以及保护地球都发挥过重要的作用。

■ 月亮是人类最熟悉的天体之一

月球将它圣洁的光辉洒向大地，自古以来激起人类无限的遐想和憧憬，萌发出各种各样的神话传说、宗教信仰、哲学思想、文学艺术和风俗传统，并为古代的历法编制、农耕时令和社会发展发挥过巨大的作用。因此，探测神秘的月球是我们中华民族的千年梦想。

中国自古以来就有嫦娥奔月的各种传说，所以我们的探月卫星取名为嫦娥。日本国内也有类似嫦娥的传说，叫辉夜姬（日语“KAGUYA”），所以日本的月球探测器就命名为KAGUYA，也是用月亮神话来命名的。不仅在我们亚洲，在欧洲和世界各国的各个民族，都有关于月亮的神话传说。古希腊有月亮女神，古罗马神话中也有月亮女神。而且所有月亮神全是女性，这也反映了人类对于女性的依恋和关爱。

除了肉眼看到的月亮，真正用仪器看到的月亮距今恰好400年。400年前，意大利科学家伽利略用自制的望远镜观测月亮，他看到月亮后非常失望。因为月亮其实是非常丑陋的，不像我们所看到的那样洁白温馨。随着望远镜的进步，科学家把月亮描画得更清楚了。用望远镜看到的月亮上有几块黑斑，就是我们神话传说中的桂花树。我们的神话中还有玉兔捣药，还有广寒宫，但真实的月亮与我们想象的月亮完全不同。

美国和苏联为了空间霸权的争夺和冷战的需要，展开了一场激烈的竞争，他们在1958年首次利用探测器探测月球，但全失败了，1959年才第一次获得成功。20世纪美、苏两国一共发射了108枚月球探测器，成功率不到一半。1958~1976年是月球探测高潮。1976年之后将近有20年左右的宁静期，世界各国都不探测月球了，因为美国实现了载人登月，其他国家再进行下去也只能是这个水平。

苏联实现了月球车和着陆器降落在月球上，但人

月球表面

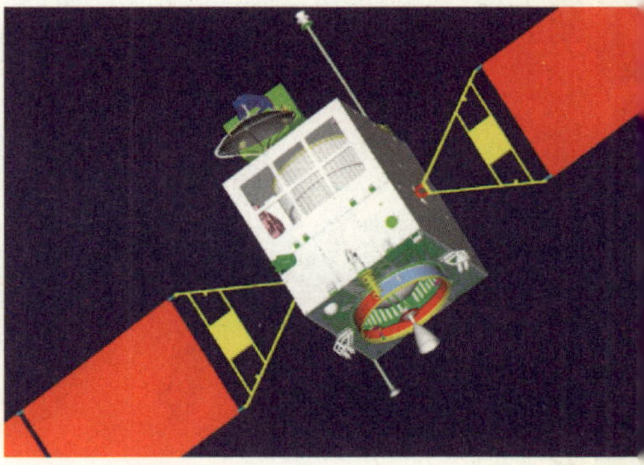
中国探月卫星“嫦娥”

日本月球探测器“辉夜姬”（KAGUYA）

■ 科学家用望远镜看到的月亮

没有上去。阿波罗载人登月一共有6次，12名美国宇航员登上了月球。苏联的无人采样返回和美国的载人登月，一共采回382千克样品。其中，美国带回了381.7千克，苏联开展了3次着陆器采样，一共采回0.3千克月球样品。

阿波罗计划

阿波罗计划是迄今最著名的探月行动。美国在肯尼迪航天中心，用土星5号巨型火箭发射载人飞船，然后登陆月球。阿波罗飞船从地球发射以后到达月球，在绕月轨道留下一个飞行舱，然后有一个着陆舱登陆月球。宇航员完成月面考察后，再从月球表面乘坐上升器，与留在月球轨道的飞行舱会合，再返回地球。

■ 佛罗里达肯尼迪航天中心

阿波罗计划是20世纪最伟大的一项科技工程，总投资254亿美元，相当于现在的1360亿美元，是当时规模最

阿波罗计划是20世纪最伟大的一项科技工程，总投资254亿美元，相当于现在的1360亿美元，是当时规模最大、耗资最多的科技工程。

■ 阿波罗计划的着陆舱

■ 美国国家航空航天局公布的登月照片

大、耗资最多的科技工程。参加阿波罗计划的有 2 万家企业、200 多所大学、80 多个科研机构，总人数超过 40 万。阿波罗计划带动了 20 世纪 20 多年几乎全部高新技术的发展，包括火箭、雷达、无线电、制导、合成材料、计算机等，推动了科技的发展和工业的繁荣。阿波罗计划相关科技的二次开发应用，所产生的价值远远超过了阿波罗计划本身所带来的直接的经济效益和社会效益。所以阿波罗计划是伟大的科技计划。

随着阿波罗计划影响的扩大，也有人质疑美国宇航员根本就没有登上月亮，认为这是 20 世纪最大的科学骗局和巨大阴谋。

阿波罗载人登月“阴谋论”的制造者认为，阿波罗载人登月完全是伪造的，是 20 世纪最大的科学骗局。他们认为，美国国家航空航天局（NASA）之所以要制造谎言，欺骗公众，目的是制造假象，一举击败苏联；另外一个目的是转移美国公众的注意力，掩盖阿波罗计划耗资巨大但仍陷入失败的困境。但可惜的是，阿波罗载人登月“阴谋论”所列举的“科学论据”却不堪一击，不值一驳，有些还显得比较低级和庸俗。略对月球有所了解的公众，通过认真思考完全可以解释清楚。

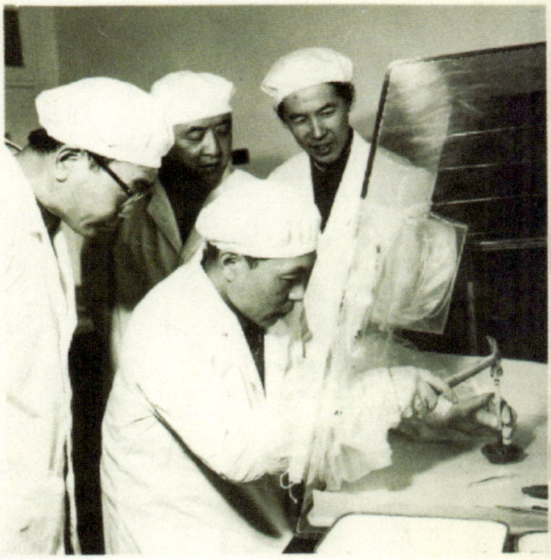

■ 1978 年，本文作者在洁净箱内分装阿波罗-17 月球岩石样品

2009 年，美国发射了“月球轨道勘测器”，飞行高度 50 千米，照相机的分辨率小于 1 米，“月球轨道勘测器”的照相机拍摄到阿波罗-11、12、14、15、16 和 17 的着陆区，清晰地分辨出着陆器、着陆舷梯、宇航员埋设仪器的位置，甚至插美国国旗的位置。这下终于真相大白。

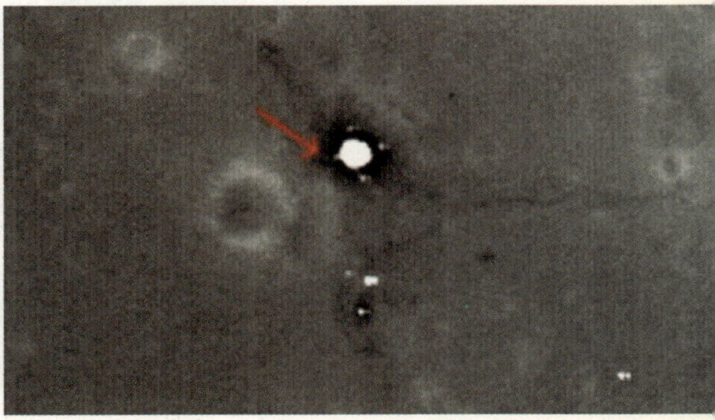

■ 阿波罗-11 登月舱、舷梯、埋设仪器和行走的路线

也许，阿波罗载人登月“阴谋论”的制造者在制造另一个“阴谋”，他们不断提出一些似是而非的“论据”，广为传播，制造一轮又一轮跌宕起伏的高潮，吊着公众的胃口，引发公众对科学的兴趣，让公众在时隔 40 年之后的今天仍热度不减地关注阿波罗登

月，关注美国的科学进步，从而提高公众的科学判断能力。也许他们是以一种别致的、巧妙的、积极的方式长久地宣传美国载人登月的伟大成就。这是20世纪规模最大、时间最长、影响最广、关注度最高的科学普及运动。

绕月探测工程的主要科学成果

中国探月的第一期工程是“绕”月探测，即发射一个绕月卫星，绕月飞行一年，对整个月球进行遥感探测，全面了解月球；探月二期工程为“落月探测”，对月球上的局部区域开展精细探测，即嫦娥二号作为技术先导星开展技术试验和演练，嫦娥三号将实现月面软着陆，着陆器开展就位探测，月球车进行巡视探测；探月三期工程为“采样返回”，即派遣机器人降落在月球上，钻取、采样，最后把月球样品安全带回地球。

以上探月的第一期、二期和三期都是无人月球探测。完成这几项任务以后，将证明中国人能够到月球，能够落到月球上，能够从月球上带回地球。而后，中国将实施载人登月和建设月球基地计划。

中国月球探测的战略发展

绕月探测工程的主要任务是对月球开展全球性、整体性和综合性的探测。科学目标的选择，既要与国际科学前沿接轨，又要紧密结合我国现阶段的国情国力和现有的工程技术能力，要有限目标、突出重点、有所创新、形成特色；月球探测的短期目标与长远目标相结合，循序渐进与分阶段发展相结合。经过近 10 年的论证，绕月探测工程遴选了四项科学目标：

第一是获取月球表面三维立体影像。划分月球地形和地貌单元；统计撞击坑大小与密度，计算月球表面年龄，恢复月球早期演化历史；分析月面构造，编制月面断裂和环形构造影像和月球构造区划图，研究月球地质构造的演化历史。

■嫦娥一号绕月探测

第二是分析月球表面元素含量和物质类型的分布特点。绘制相关元素的全月球含量与分布图、粗略划分岩石类型，研究月球的化学演化。

第三是探测月壤特性。测量全月球不同波段的微波辐射亮度温度，反演月壤厚度的信息，评估月壤中氦-3 的资源量与分布。

第四是探测地月空间环境。探测地月空间高能粒子和太阳风离子的成分、通量、能谱及其随时空的变化特征，研究太阳活动和地球磁层对近月空间环境的影响。

四个科学目标中以全月数字地图和三维立体影像图的获取为重点，结合反演月壤厚度的信息、物质成分探测和空间环境探测的成果，既与国际月球探测的发展趋势接轨，又有自己的创新特色。

■ 嫦娥一号月球探测卫星发射升空

北京时间 2007 年 10 月 24 日 18 时 05 分 04 秒，嫦娥一号卫星在西昌卫星发射中心成功发射升空。从发射升空到准确进入环月工作轨道，嫦娥一号卫星一共经历了主动段、调相轨道段、地月转移轨道段和环月轨道段等四种不同的轨道，经历了 1 次远地点变轨、3 次近地点变轨、1 次中途修正、3 次近月制动等 8 次变轨过程。历时 13 天 14 小时 19 分，行程约 209 万千米。

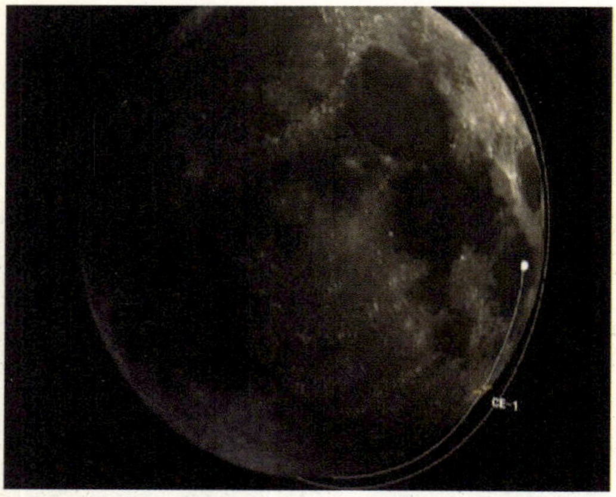

■ 2009 年 3 月 1 日 16 时 13 分 10 秒，嫦娥一号卫星准确撞击月球东经 52.36 度、南纬 1.50 度的丰富海预定撞击点

2009 年 3 月 1 日，嫦娥一号卫星受控撞击月球的东经 52.36 度、南纬1.50 度的丰富海区域，比预期 1 年的工作寿命延长 4 个多月，圆满完成各项科学探测使命。

嫦娥一号卫星在轨运行 495 天，搭载的 8 台（套）有效载荷工作正常，一共取得 1.39TB 的原始科学探测数据，地面应用系统研制的 0、1、2、3 级科学数据产品约 4TB，并已陆续发布给全国相关的科学家开展探测数据的应用研究。在月球探测的数据获取、处理、研究和应用等方面取得了一系列高水平的科学探测成果：

1. 质量最高的全月球影像图和月球标准基础地图

■ 中国首次月球探测工程月面图像

2008 年 7 月，嫦娥一号卫星 CCD 立体相机共获得 508 轨南北纬 70 度以内和 589 轨南北纬70~90 度极区的全月球影像数据，第一次实现了月球表面影像的 100%覆盖，并于 2008 年 11 月 12 日公开发布了主要利用正视影像拼接而成的“中国首次月球探测工程全月球影像图”，其在几何配准精度、数据的完整性与一致性、图像色调等方面均明显优于国际上已有的各类全月球影像图，是当前国际上数据覆盖最全、质量最好的全月球影像图。

利用嫦娥工程多种数据源解算得到全月球地形数据，对全月球图像数据进行了正射校正，修正了图像的几何变形、空间位置和像元灰度，获得了“全月球正射影像图”。这是迄今为止国际上变形程度最低、位置精度最高、图像色调最一致和空间覆盖最完整的全月球影像图，将成为新的月球“标准像”——月球基础地图。

2. 精度和分辨率最高的全月球数字高程模型（DEM）和三维月球地形图

嫦娥一号卫星激光高度计共获得了约916万个月表测高数据，是目前国际上最多的测高采样数据，制作了空间分辨率为3千米左右的全月球数字高程模型（DEM）。利用覆盖全月球的嫦娥一号立体相机三线阵CCD数据，采用三线阵数字摄影测量方法，解算了全月球的地形数据，制作了全月球三维数字地形产品；全月球数字高程模型（DEM）空间分辨率达500米，等高线数据的等高距达500米。全月球数字地形图产品（包括数字高程模型DEM、正射影像和数字等高线图）在数据覆盖范围、平面定位与高程精度、空间分辨率等方面均明显优于国际现有全月球数字地形产品。

■ 中国首次月球探测工程全月球正射影像图利用正视影像数据和数字高程模型，进行高程校正制作而成。全月球正射影像数据空间分辨率为120米，平面中误差为192米

■ 激光高度计北极地区（北纬45~90度）DEM图

■ 激光高度计南极地区（南纬45~90度）DEM图

3. 获取月球表面某些元素、矿物的分布图

我国首次月球探测在月球化学元素和物质成分方面的探测重点放在某些关键性元素和岩石类型和分布上。嫦娥一号卫星伽马射线谱仪共获取了1103轨有效探测数据，已完成U、K、Th的元素含量分布图的编制。通过对FeO、TiO_2元素含量的反演，结合伽马射线谱仪和X射线谱仪探测的元素含量与分布数据，相互融合进行克里普岩、斜长岩和玄武岩的粗略划分，评估月球某些矿产资

源如钛铁矿、稀土与放射性元素等的开发利用前景。

4. 全月球四频段微波亮度温度数据

嫦娥一号微波探测仪共获取了1690轨探测数据，数据多次覆盖了全月球表面。嫦娥一号微波探测仪科学数据包括3.0GHz、7.8GHz、19.35GHz和37.0GHz四个频段的微波辐射亮度温度，是国际上首次采用被动微波遥感技术测量全月球微波辐射信息，进而探测月壤特性，反演月壤厚度。目前已处理得到全月球不同光照条件的微波辐射亮温，月球表面的亮度温度分布明显受到月球地形和物质组成的影响。在此基础上进一步反演月壤厚度，评估氦-3资源。

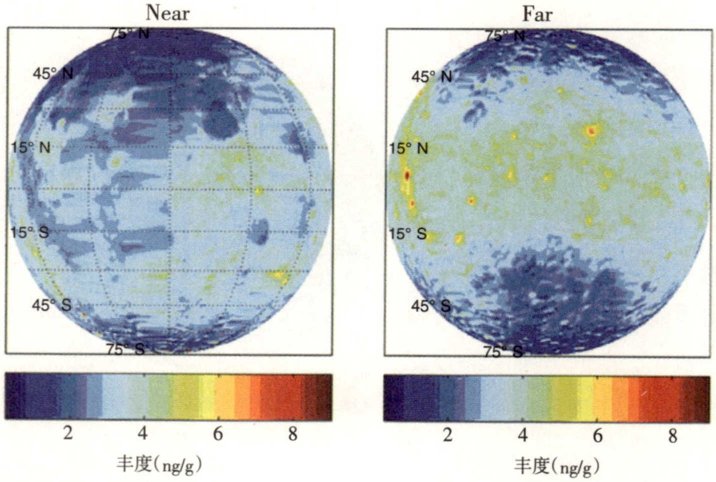

■ 全月氦-3丰度分布（单位：ng/g）

5. 独特的近月空间高能粒子和太阳风离子数据

在嫦娥一号月球探测卫星上安装一台太阳高能粒子探测器和两台太阳风离子探测器，进行月球轨道空间环境探测。嫦娥一号在轨运行期间，多次经过月球背面的屏蔽区、行星际空间、地球磁层的磁鞘和磁尾区4个空间区域（右图）。空间环境探测数据的初步分析和对比研究，发现了它们与地球磁场和月表带电粒子

之间相互作用过程中的一些独特的物理现象。太阳风离子探测器还监测到月球两极日夜交界面附近从日侧向夜侧速度逐渐增加的粒子流、月球向阳面的太阳风离子反射现象等空间环境事件，这些事件揭示了太阳风中的等离子体物理过程和与月球相互作用过程，将加深我们对太阳风与无大气弱磁化天体相互作用的认识，对丰富太阳辐射及其与地球磁场和行星（月球）的相互作用具有特殊的意义。进一步深入的分析与比对研究，有望获得更多的科学发现。

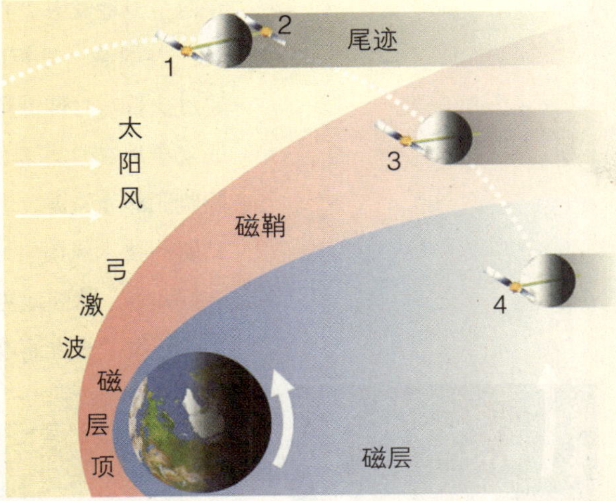

■ 嫦娥一号在运行期间，多次经过月球背面的屏蔽区、行星际空间、地球磁层的磁鞘和磁尾区四个空间区域。

6. 获得撞击月球前的高分辨月面影像

嫦娥一号卫星经轨道调整、速度减为 1.627 千米/秒后，目标瞄准撞击点，当卫星降落到距离月面 59 千米高度时，CCD 立体相机开机，边下降边拍照。从开机拍摄到撞击月面的 15 分钟内，CCD 立体相机工作到最后一刻，一共下传撞击前 1469 千米的高分辨月面影像，为研究月面精细结构提供了高质量素材。2009 年 3 月 1 日 16 时 13 分 10 秒，嫦娥一号卫星准确撞击月球东经 52.36 度、南纬 1.50 度的丰富海预定撞击点。

总之，绕月探测工程是中国迈向深空的第一步，通过嫦娥一号卫星为期一年多的在轨业务运行，获得了大量的探测数据，在月球基础科学和深空数据处理和反演方法等各个方面都取得了丰硕的成果。

嫦娥二号

当前，绕月探测工程已经取得了圆满成功，目前正在实施月球探测二期工程。二期工程的第一颗卫星嫦娥二号于 2010 年 10 月在西昌卫星发射中心发射。

与嫦娥一号相比，嫦娥二号作为“探月二期工程”的先导星，通过执行对月球进行“精细探测”的任务，有利于今后嫦娥三号能够安全地在月球表面软着陆。嫦娥二号在工程上的主要任务是试验验证部分关键技术和新设备，试验新的奔月轨道，降低探月工程二期的技术风险。嫦娥二号在科学上的首要任务是对月面着陆区进行详查，精细地测绘着陆区的地形地貌。为此，嫦娥二号相对嫦娥一号做了多方面改进和提高，主要包括：

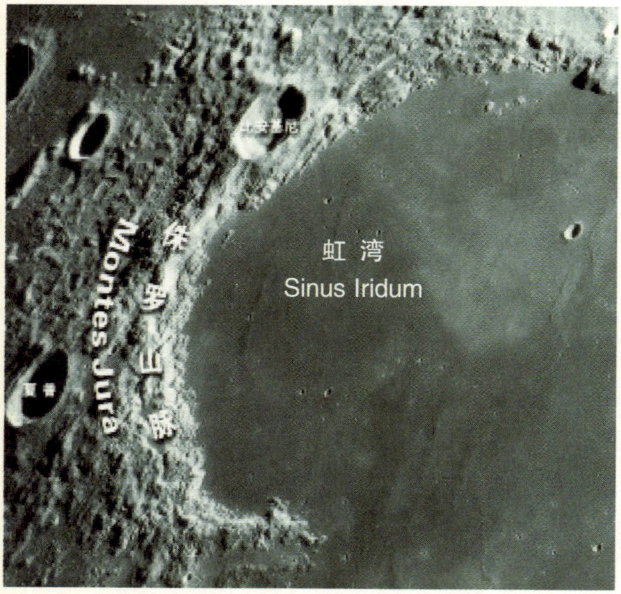

■ 嫦娥二号获得的月球虹湾地形地貌图

（1）嫦娥二号与嫦娥一号的轨道设计不同。嫦娥一号发射后，先是环绕地球飞行 7 天，经过 4 次变轨才进入奔月轨道。从发射到进入环月轨道总共历时大约 13 天14 小时 19 分，行程 200 多万千米。这次发射的嫦娥二号将新开辟地月之间的“直航航线”，即直接发射至地月转移轨道，待几次中途修正和近月制动后，即进入绕月轨道，这将使嫦娥二号的地月飞行时间缩短至 120 小时左右。

（2）嫦娥二号卫星将在距月球表面约 100 千米高度的极轨轨道上绕月运行，较嫦娥一号距月表 200 千米的轨道要低，有利于对重点地区作出精细测绘，提交空间分辨率小于 10 米的月球影像图。

（3）嫦娥二号直飞月球的方式对运载火箭的入轨精度和入轨速度提出了更高要求。一方面推力增加，执行此次任务的长征三号丙火箭，较之前护送嫦娥一号上天的长征三号甲火箭增加了两个助推器，使嫦娥二号卫星直接进入 200 千米×380000 千米的地月转移轨道。

（4）嫦娥二号所携带的 CCD 立体相机的空间分辨率由嫦娥一

号时期的120米左右提高到小于10米。其他探测设备也将有所改进，所探测到的有关月球的数据将更加详实。

（5）嫦娥二号的主要科学目标是对月球着陆区和其他重点区域进行精细测绘、立体成像，其他科学探测总体上将延续嫦娥一号科学目标，对月球表面元素分布、月壤厚度、近月空间环境等做更进一步的科学探测。这些更高空间分辨率的探测数据可以与嫦娥一号的探测数据进行互相校核，进一步改进月球遥感数据的定量反演算法和模型。

（6）嫦娥二号将验证100千米×15千米轨道机动与快速测定轨技术。测试将飞行轨道由100千米圆轨道调整为远月点100千米、近月点15千米的椭圆轨道的能力，部分演练嫦娥三号着陆前的飞行轨道。

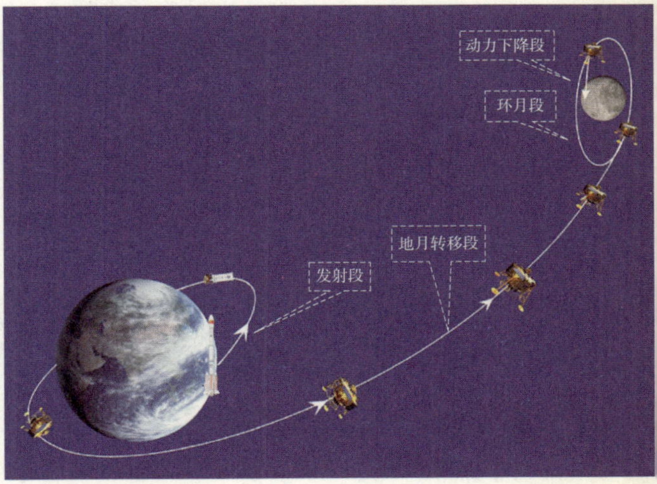

■ 嫦娥三号的轨道设计

（7）获得嫦娥三号着陆区—虹湾区空间分辨率为1米左右的超精细地形地貌图。

（8）根据月球探测二期工程的要求，为提高测控精度，除S频段外新增了X频段的测控。嫦娥二号飞行测控首次验证我国新建的X频段深空测控体制。相比嫦娥一号使用的S频段测控，X频段无线电传输信号频率更高，远距离测控通信效果更好，我国深空测控通信能力将扩展到地球-火星距离。

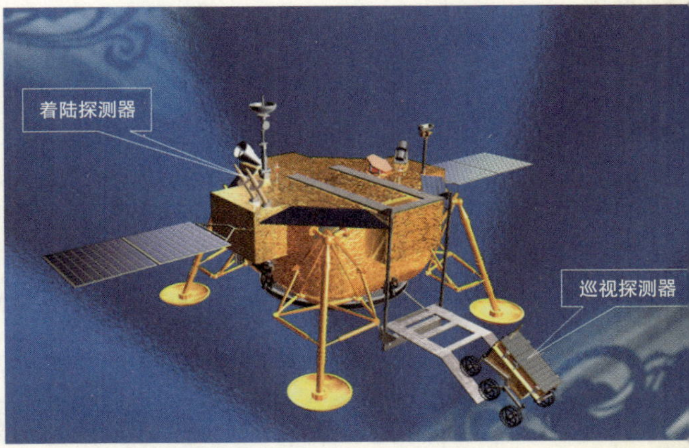

■ 二期工程嫦娥三号的探测器系统

嫦娥二号将要发挥承前启后、持续发展的先导作用，为探月二期的实施成功奠定科学和技术基础。

嫦娥三号是要软着陆在月球的虹湾地区，进行月面的精细探测。从着落器内走出一个月球车来，着陆器进行就位探测，月球车开展巡视探测。着陆器上放很多仪器，要安装一台望远镜，进行月基天文观测。月球车上还安装有各种各样的相机，大概要放 7 套仪器。月球车是中国最高智能的机器人，它自主导航，自己选择探测路线，选择目标进行各种探测，它自主避开障碍，遇到坡要爬坡，它自己要指挥各个仪器来进行科学探测。月球车的底部安装了一台雷达，探测月球 1 千米深度的结构。一边走一边干活。

嫦娥三号的最大困难是软着陆月面。为什么？因为在月球上不能用降落伞降落，只能开动着陆器的发动机反推，它一边往下降一边往上托，让它减缓下降的速度。大约下降到距离月面 100 米左右，由于着陆器有智能，让它自己选一块平地降下去。一直下降到距离月面 4 米左右，关闭发动机，以自由落体的速度软着陆在月面上。这是我国第一次实现在别的天体上软着陆。

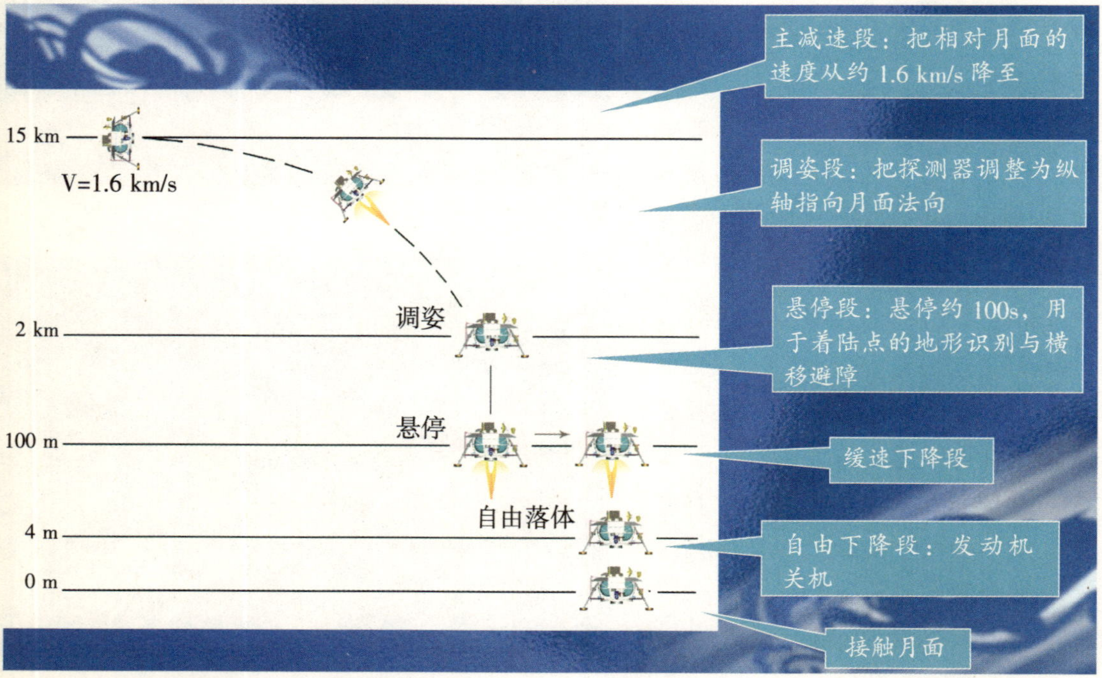

嫦娥三号动力下降段飞行过程示意图

最难熬的是晚上，因为它要过夜啊，月球的一个晚上相当于地球半个月长的时间，温度是零下180℃，所有的仪器都要冻坏。为了使第二天太阳出来以后，着陆器和月球车都能继续工作，所有仪器的温控必须保持在零下40℃以上。

第三期月球探测是发射探测器软着陆月面，着陆器进行就位科学探测并选取附近的月球样品或打钻取得系统样品，月球车打钻取样，样品都要按次序放置在返回舱内。然后启动发动机，使返回舱离开月球表面，进入月球空间，再奔向地球。到了地球以后就可以用降落伞了，把我们要降落的东西，用降落伞投下到指定的地点，就可以取到月球样品。

第三期月球探测要用大的运载火箭，这个火箭现在已经落户在天津滨海区生产。大型火箭生产出来了，由于直径较大，不能用火车运输，因为所有的隧道都过不去；所有的高速公路也不能运输，桥梁太矮；只能海运，所以就必须在海南岛建设一个新的发射场。

中国只有在完成三期月球探测任务之后，才足以表明我们有能力到达月球，能够安全软着陆月球，并能安全返回地球，最终才能实施载人登月。我们坚信中国的宇航员一定能够尽快登上月球，实现中华民族的夙愿与梦想。

答问

问题：欧阳老师，中、日、印三国都发射了月球探测器，其轨道各自有什么优缺点？

回答：中、日、印三个国家都发射了月球的轨道器。嫦娥一号先绕地球上转几圈，叫调相轨道，就如同做预备活动一样。通过调相轨道使探测器不断加速，最后探测器一加速，进入围绕地球的200千米×380000千米的大椭圆轨道，再进入到月球附近，被月球的重力场捕获，成为围绕月球运行的卫星。中、日、印三个国家的月球探测飞行轨道都是类似的。探测器被月球重力场捕获以后，就永远按照围绕着月球的轨道运行，除非最后轨道衰竭，掉到月球上去。

问题：您提到了落地差，到4米高的时候自由落下，可宇宙空间没有引力怎么能够落下，这是一个问题。第二个问题，我们月球探测最终是要将中国的宇航员送到月球去，在这个过程中，生物体在太阳系空间和月球表面那么恶劣的条件下，怎样克服这个困难？

回答：第一个问题，月球上空要受到月球的引力作用，所以月球着陆器仍然会成为自由落体。着陆器往下掉的时候，着陆器上的发动机反推点火，减缓着陆器的下落速度。到距离月球表面4米高处时，反推的发动机熄火，使着陆器实现悬停，随后从4米高处开始以自由落体下降到月球表面。由于月球的重力加速度只有地球的1/6，所以从这个高度自由落下，我们的着陆器仍然可以确保安全地软着陆。

第二个载人登月的问题就更为复杂，首先有一个很复杂的生命保障系统，包括宇航服、工作环境、生理指标。现在载人航天实际上已经在做这方面的预先研究。当然，月球的环境更加严酷，对宇航员的生命保障更加严格。

如何确保宇航员在月面的生存是一件非常复杂的事情，这里边有很多工作要做。幸好我们离载人登月还有很长的时间可以做准备，逐步攻克这些重大的关键技术。

丁一汇 说“寒”道“暖”

——适应气候变化和地球工程纵横谈

导读

近百年全球变暖的事实受到了国内外广泛关注，中国从 1986 年开始已经历了 20 几个暖年和暖冬。但是，2008 年冬季的冰雪冻雨灾害与 2009 年的冷冬使人们对气候变暖产生了质疑。尤其是 2010 年春天天气刚刚回暖，寒潮又来袭。

在经历了多个暖冬之后，人们早已习惯了全球变暖这个词，因而人们不禁会问，现在的冷冬是否意味着气候变暖已经停止，甚至逆转？我们将进入一个什么样的气候时期呢？会进入冷期或微冰河期吗？

另一方面，在全球变暖的背景下，水循环和大气环流都发生了异常变化，从而会影响旱涝的发生频率与地理分布。近年来，全球和中国频繁地受到异常天气和气候事件的强烈影响，在许多地区出现了严重的灾害，如干旱、洪涝、高温、暴风雪等。人们不禁又问，当今的干旱和洪水等灾害是增加还是减少了，原因又是什么呢？

气候变化及其造成的灾害是不可抗拒的，我们如何适应气候变化？加强防灾减灾，提高天气和气候预报准确率，从而最大程度地减少损失，是我们面临的迫切任务。从长远来看，发展气候应对工程，也是适应气候变化的一个途径，这些都是需要我们关心和不断深入研究的重要科学问题。

丁一汇简介

中国工程院院士，中国气象局气候变化特别顾问，国家气候变化专家委员会副主任。在气候变化、亚洲季风以及中国灾害性天气方面做出创造性研究成果。创建国家气候中心，建立了中国新一代气候综合业务系统。1995 年获国家自然科学二等奖（排名第二）。2002 年获何梁何利科学进步奖。2003 年获国家科技进步一等奖（排名第一）。2005 年获国家科技进步二等奖（排名第二）。同年获世界气象组织杰出成就奖。在国内外正式刊物发表论文 300 余篇，中英文专著 15 本。

在许多重要的国际活动与组织中贡献卓越，是国际上气候变化研究领域中有影响、有贡献的科学家之一。培养博士生 27 名。

说“寒”道“暖”

——适应气候变化和气候工程纵横谈

我今天准备讲三个问题，它们都与气候变化有关，也与目前大家经常问到的问题有关。

全球变暖条件下，为什么还会有冷冬

大家非常关心 2010 年为什么会有寒冬？有了寒冬是不是意味着地球气候变暖已经停顿？众所周知，近百年来地球气候是不断变暖的，温度也是不断上升的。现在这么冷是不是意味着全球气候的变暖过程已经停顿了？

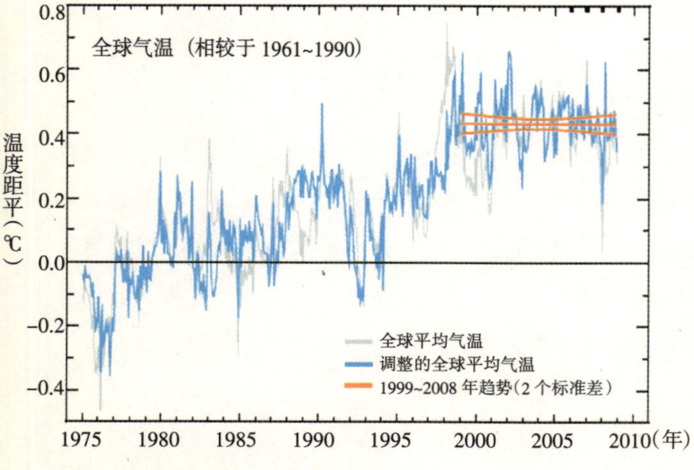

■ 近 30 年全球温度曲线图（Kerr，2009）

为什么会有气候变暖停顿这个说法呢？最近有人计算了近 30 年的全球平均温度，得到 2000 年之前，全球的平均温度是不断增加的，这就是气候变暖。到了 2000 年的时候，虽然温度仍然很高，但温度增加的趋势好像平缓了，所以一些科学家认为，气候

变暖趋势已经停顿。关于这条曲线，它是怎么得到的呢？全世界有不同的温度曲线，对于全球平均温度来说有 4 条最重要的温度曲线。上页图的曲线是根据英国的一条温度曲线得到的。从这条曲线来看，这 10 年的温度变化确确实实好像是平缓了，那么以后会不会再降下来，这是大家最关心的！近 10 年全球平均温度可能已经变平缓了，有人推测气候会变冷，这么一个说法到底有没有依据呢？

首先我们来说明这条曲线有什么问题。这 10 年的全球平均温度，没有包括北极的数据。现在北极增温很厉害，如果忽略掉北极这样增温很强的地区是不合适的。如右图所示，美国国家航空航天局也作了类似的曲线。由于美国国家航空航天局有专门连续的卫星观测，它的资料是全球性的，包括北极地区。如果把北极的资料加进去后，我们可以重新看到一个增温的趋势：25 年来仍然是不断增温的。如果用不同的资料，尤其是不用全球性的资料，必然就会得到不同的结论。现在把美国国家航空航天局的资料作为全球性的资料来看，那么它确确实实表明温度还是不断地上升的。这也说明，我们在确认全球变暖的事实上，尽可能使用全球观测资料的重要性。

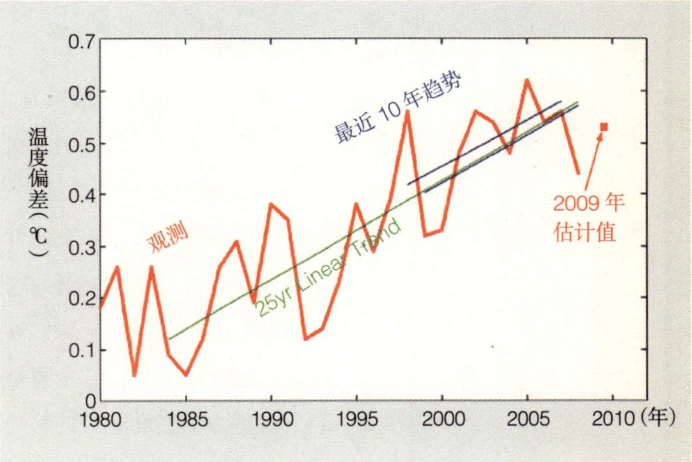

■ 美国国家航空航天局（NASA）近 25 年全球温度曲线图（Allison et.al，2009）

2010 年 4 月份中国地区是挺冷的，但联合国发布了 4 月份的全球温度，表明这是最近 100 年第三个最热的月份。因此，检测全球是否变暖不能光看一个地区（如北半球的西半球部分），还要看西半球（如加拿大就异常暖）和南半球，南半球温度也偏暖。

由上可见，如果缺乏北极的资料，并且只取 10 年的平均，得到的曲线看起来温度增幅挺慢，但如果采用美国国家航空航天局的全球资料，包括了北极的资料，并且从 25 年的平均来看，温度是继续上升的。这个比较也告诉我们，考察全球是否变暖，不能只看一个短时期或某一个地区，而应看25年或30年的全球地区的平均趋势，因为它代表了气候变化的长期趋势。因此，事实上全球并没有任何迹象表明人类引起的气候变暖出现有任何减慢或者停顿趋势，而且现在还是以每10年增加约0.2℃的速度在上升，这个上升的速度和我们用气候模型预测的速度基本上是一样的。因而我们可以得到这么一个结论：全球气候变暖的趋势没有停顿，应该说还是真实的。

现在对于全球变暖存在不同的看法，有人认为全球变暖可能是一个假命题，不是一个真命题，有的人还认为这是一个骗局，如英国的BBC就制作了这样一个电视片。但我们最终是要拿出资料来说明问题，并且要用全球性的资料说明它。许多事实分析表明全球气候变暖是真实的，只是这种变暖的趋势上面，叠加了长周期和短周期的脉动。因为全球气候变化是一个多尺度的问题，温室效应可以导致气候变暖，它主要是产生一种温度的趋势曲线。从温室效应来讲是一个温度上升的趋势曲线。

许多事实分析表明全球气候变暖是真实的，只是这种变暖的趋势上面，叠加了长周期和短周期的脉动。

但是，在这个趋势曲线上还有不少脉动，比如说太阳活动也可以造成气候变暖或变冷，火山爆发则可以造成气候变冷，大气本身运动也可以造成气候的冷、暖变化，海洋的变化可造成年际和年代际尺度的气候变化。总之，这些都可以造成长周期和短周期的脉动，所以最后看到和感受到的气候，实际上是一个多种尺度的叠加，非常复杂。现在，科学家能够把是什么样的长周期、短周期，还有气候变暖趋势一一地分解出来，并且能够讲出它的原因。

例如，近年来呈现了长周期变化产生的负面影响，结果很多地区变冷了，这是自然的因素。它正好和全球变暖相叠加，由于这种时间尺度短的变化振幅很大，可能超过气候变暖的影响，这会使人们感觉到这些年份是比较冷的。但它只是能发生在一段时间内。因而地球的气候变化一方面表现为周期性的长短周期的变化；一方面表现为气候变暖，后者是一个趋势性的变化。

长周期和短周期气候内部的变化，是自然的气候内部变化的结果，尤其是海洋的影响。海洋的影响在气候系统研究中是一种内部的变化，有人称是耦合变化。那么，外部的变化是什么呢？温室气体（如二氧化碳）、土地利用变化、火山还有太阳活动、宇宙事件（如宇宙射线），这些因子都是外加在地球系统以外的变化。下面来看看科学家是怎样把一个复杂的全球气候变化问题进行分解的。

如右图所示，从 1850 年以后的 100 多年来，全球平均的温度曲线是不断上升的，你看到的就是直接测量到的温度曲线。但是把它一分解，可以看到它包含非常快的变化，是短周期的，几年的变化：如 2 年、3 年、4 年、5 年的周期变化。还有长周期的变化：如 10 年，20~30 年，60~80 年的周期变化。最后看到的一条曲线是温室气体影响造成的气候变暖曲线，它反映了温室气体排放增加造成的变化。这个变化是不断上升的，它没有下降的趋势，一直到今天仍一直上升。

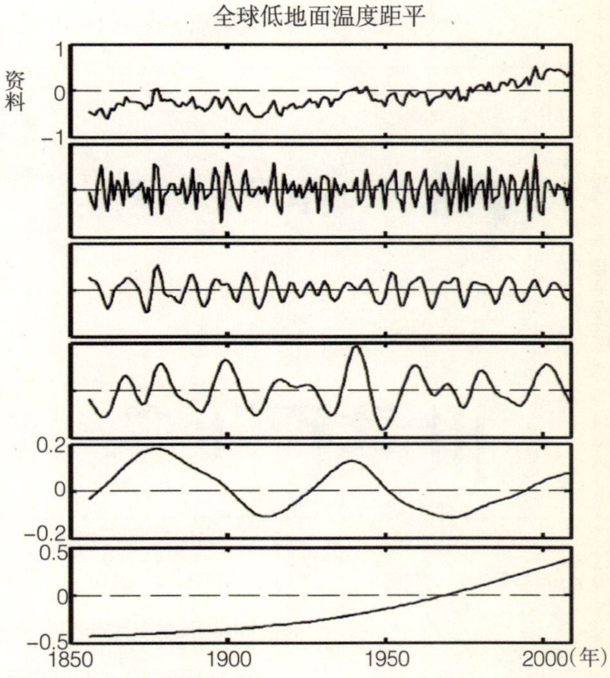

■ 全球平均温度观测值的经验模态分解，单位：度。其中ST项表示长期变化趋势，MDV项为多年代变化（国家海洋局第一海洋研究所地球系统数据分析重点实验室陈显尧计算，方国洪院士提供，2009）

我们今天怎么看待气候变化呢？实际上它就是几年的、10 年的、20~30 年的、60~80 年的这些周期性变化叠加在上述气候变暖曲线上面，产生了观测到的实际的温度变化曲线。如果这些长短周期性的变化的振幅足够大，就会对这个变暖趋势曲线产生扰动，有时候出现高峰（很暖的时期），有时产生低谷（很冷的时候）。把这些曲线从数学上叠加在一起，就可得到前面讲的具有不同周期扰动的全球变暖曲线。它表现为高低高低，不断地在变动。也就是说，如果曲线往下走了，那就是很冷的冷年；如果它往上走了，那就是很暖的暖年。但是不管怎么样，这些冷暖的脉动，都是叠加在气候变暖的曲线上，它没有离开气候变暖曲线的控制。

科学家们现在能够把观测到的曲线分解成各种各样的周期性的变化与全球变暖的平均趋势，同样也可以把它们还原，最后可以得到和实际温度变化完全一样的结果。总之，通过上面分析，可以看到全球温度趋势并没有出现明显的变冷，即使有变冷也只是在某些年份它可以很冷，但是这不能改变变暖的趋势。

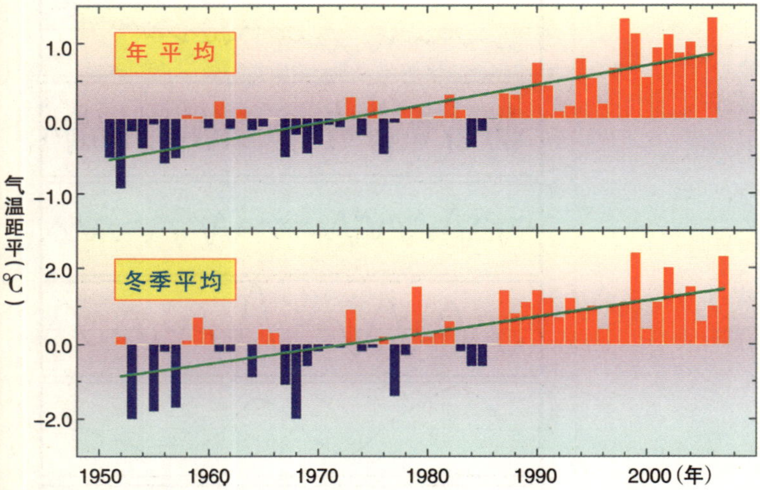

■ 近50年中国平均气温的变化（中国气象局国家气候中心提供）

再来看看我国的情况，近 50 年来的温度有很好的测量数据（左图）。总体上温度是一直在上升的，但在 20 世纪 50 年代与 60 年代的时候偏冷。然后温度逐步上升，80 年代以后，温度偏高，一直到今天都是很暖的。

国家气候中心用全国的资料制作了近百年中国的温度曲线。这个曲线表明，即使是在温度上升的时候，仍然有些年很冷，有些年很暖。即使是在暖的时候，也可以看到，有时候非常暖，而有一些年并不十分暖。这说明在暖的这些年份，也有脉动，这是短周期的变化。最近 10 年，全球和中国都出现了一些冷冬，这种冷的冬天，实际上是一个短期间的现象。2001~2007 年全球普遍变暖，包括美国加拿大，都是非常暖的地区。2001~2007 年的全球平均温度分布图完全呈现了全球变暖的事实。

2008 年的冬季，对于我国和亚洲是非常冷的。2008 年 1 月和 2 月，我国冰雪冻雨灾害非常严重，主要出现在南方，即长江和长江以南地区。在 2007 年 12 月底的时候，冷空气已经在亚洲的西部和中亚发展起来了，之后冷空气不断地向东传播，向东移动。1 月

上中旬冷空气移到了东亚地区，我国北方就开始进入了冷冬和冰雪盛行时期。之后冷空气拐了一个弯往南走，到了华南和长江，造成了冰雪冻雨灾害。在春节的前夕到2月上中旬的时候，整个冷空气都是在西亚、中亚和中国的北方和南方造成冰雪冻雨灾害，印度也非常冷。这一年冰雪冻雨灾害是非常清楚的，所以在暖的时候，照样可以有非常冷的天气。

这一年，冰雪冻雨的破坏情况大家都记忆犹新。因为电线结冰和积雪，输电塔倒了很多，电力运输受到很大的影响。春运的时候，很多旅客滞留在车站和机场。生态系统也受到很大的破坏，农业明显地都受到冻害的影响。一直在暖气候下的农作物，需要抑制它生长得过快，因为气候一暖就长得快，我们就是想让这些品种不要长得太快。但是这一年很冷，需要促进它的生长，如果仍然用暖气候下的品种的话，它就长不起来。

这次灾害对森林影响也非常大，在华南不同的植物园，都受到了很大的破坏，广西与广东的热带植物园首先受到影响。因为连续地暖了几十年，引进的品种和引进的林木，大部分都只适应在暖气候下生长。暖气候下的作物和林木，跟冷气候下的作物和林木，其生理特性是不同的。我们不能光考虑暖气候下的这些品种，还要考虑冷气候下的品种。冷气候下的品种，要想办法促进它生长，不然它不

2008年南方冰雪冻雨造成许多输电塔倒掉(新华社)

冰雪冻雨破坏了交通，旅客滞留在车站和机场（大洋网）

冰雪冻雨之下，大量农田和珍贵植物遭到破坏

可能发育长大；而暖气候的作物呢，要抑制它生长，这是两个完全不同的概念。

由以上可以看到，2008 年冬季冷空气就是这样从中亚、西亚，实际上是从伊拉克、伊朗和以色列这些西亚国家那儿过来的，之后冷空气顺着青藏高原边缘南下，当到达南方时慢慢产生了大范围冻雨。其实，冻雨也发生在从新疆一直沿着河西走廊地区。西南地区冻雨是非常厉害的，这是真正最强烈冻雨的地方。然后冻雨外面就是下雪的地方，再向南是下雨的地方，即温度高的地方下雨，接着下雪。

为什么举这个例子？就是要说明像 2010 年这样的冷冬，其实在2008 年也经历过。2008 年也是全年都非常暖，突然变冷，但这个冷期并不能改变整个增暖趋势。实际上最近 50 年冷的年份还是很多的，如 1954 年、1955 年、1957 年、1960 年、1977 年、1984 年和 2008 年。其中有 5 年都是在 20 世纪 70 年代以前，真正发生在暖的时期，实际上是 1984 年和2008 年，确实很少。

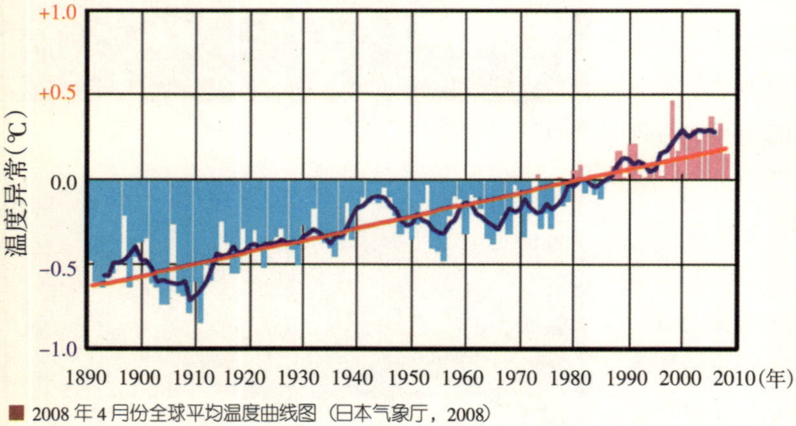

■ 2008 年 4 月份全球平均温度曲线图（日本气象厅，2008）

2008 年的观测告诉我们，这一年冬季非常冷，整个亚洲也非常冷，但如左图所示 2008 年 4 月份全球平均温度图表明，从春季温度开始迅速上升，到 2008 年年底，温度依然是上升的，它并没有任何改变趋势。对于我们国家来讲，从刚过了冷冬，春天的温度就迅速地上升，最后达到了近 50 年之最。所以，这次冷冬事件告诉我们，虽然出现了很冷的冬天，但是并不能改变增暖趋势，无论从中国或者从全球，都不能改变变暖这样一个趋势，这是非常清楚的一件事情。

现在我们回过头来再讲，全球平均都是暖的，其中有不少年份可能变得很冷。我们可以把每年的全球温度作平均，然后画出一条百年的全球平均温度曲线(右图)，这就是百年增温的曲线。可以看到整个趋势是不断上升的，但同时你也可以看到它在上升过程中有波动。从过去100年看，有两次大的波动，我们叫做“两高两低”，20年代和40年代是很暖的。今天我们又是继续很暖，而在20世纪初和50~70年代是冷期，这个冷的时候，实际上是叠加在这个暖的趋势上。这样，我们可以明白气候变化，是在变暖的背景之下，很可能还有冷的天气。国际上有的科学家认为全球气候已经不再变暖了，从1999年到2008年温度似乎不再上升。其实中国并非如此，还是全国一片暖。从1999年到2008年的平均图可见中国还在变暖。

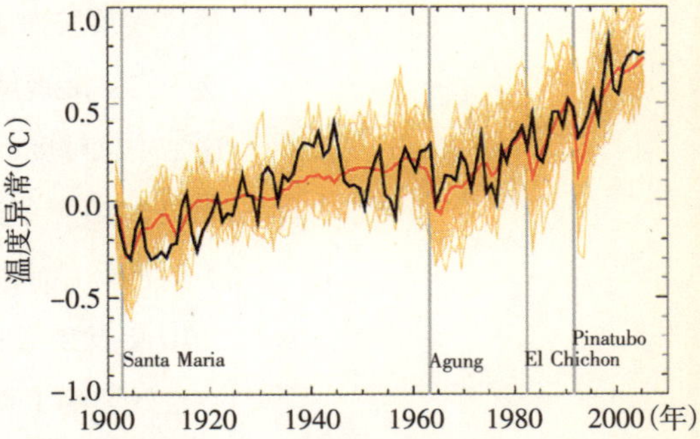

全球平均的百年近地面温度曲线（黑色）和14个气候模式模拟的平均曲线（红色）垂直的灰色线是主要火山爆发时间（IPCC，2008）

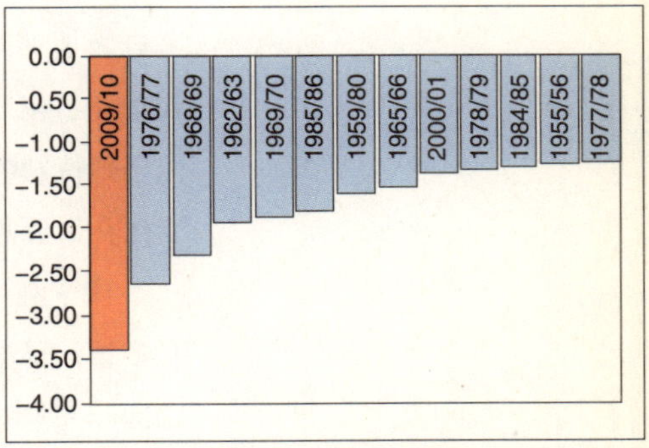

冷冬：2009~2010冬季降温达3.5个标准差（www.SEPP.org，2010）

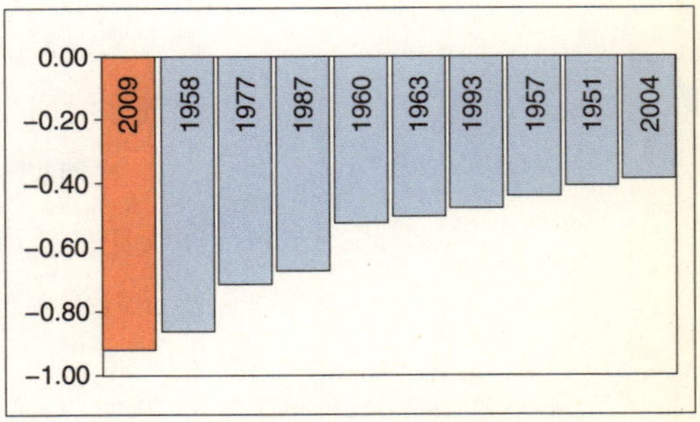

冷夏：2009年的冷夏降温达到1个标准差（www.SEPP.org，2010）

那么，全球到底有哪些年份是冷冬和冷夏呢？50年内大概有13个冷冬天，最冷的大概就是2010年，它排在第一。近50年冷夏其实也有10个，2010年有没有冷夏这很难说。所以可以看到，气候变暖的时候，它同样有很多冷夏和冷冬，但是它毕竟是一年或一季，是短期的脉动。

2010年的冷冬是什么原因造成的呢？主要是由于北极涛动的变化。北极涛动是什么意思呢？如果正常的时候，北极是冷空气区，周围被暖空气团包围住，冷空气都被限制在北极地区，所以说，中低纬度都是很暖的天气，因为冷空气给包围在北极的地区。

但是，如果大气环流和海洋发生了变化，可以使得北极的冷气团分裂，分裂以后暖气团可以跑到北极去；跑到北极以后，它就把冷气团切断；切断以后冷气团就可以跑到中低纬去，这样就使得冷暖气团南北交换。2010年冬季所经历的寒冷就是这些从极地来的冷气团造成的。北极地区温度的测量也说明了这一点：北极从地面一直到30~40千米整个空气团的温度都偏暖，这是中低纬度的暖气团进入北极地区的表现。

2010年冬天1到3月最冷的时候，北极地区的冷空气被挤到了亚洲和欧洲，还有的挤到了美国的南部和东海岸。结果美国2010年发生暴风雪，而加拿大非常暖。2010年的暴风雪非常多，冷空气影响了英国，中欧、北欧非常冷，一直延伸到中国的北方：阿勒泰暴风雪频繁，东北也不断地下雪，但是它都限制在比较偏北的位置上。这个跟2008年的情况是不大一样的，2008年的时候冷空气完全处在较低的纬度，从亚洲的西部过来，2010年的冷空气来自极地和高纬度。所以2010年恰恰不同，感到冷是在北方，即在华北、东北和西北感到冷。而2008年的时候是南方冷，北方反而感到特别暖。所以它是不断变化的。从中我们可以看到，冷暖的变化在最近的五六十年里，其实都是很正常的现象。

未来在不断增暖的趋势下会不会一直都是冷年？如果是，会有多长？科学家证明，这个短周期的变化一般不会延长10~15年，即冷年不会连续超过15年。因为有人根据气候模式来计算未来700年的气候，对结果分析以后发现这种冷的时期，一般不会超过10~15年。很多媒体在议论未来会不会出现冰河期或微冰河期。告诉大家根据气候学家的研究和气候模式的研究，100年之内，不会出现冰河期。

冰河期的出现是怎么造成的呢？现在主要的理论认为是地球绕太阳的轨道参数变化与海洋环流变化造成的。前者是10万年的米兰科维奇气候循环问题，我们这里不讨论。我们关心海洋的变化，这就是北大西洋温盐环流（下页右图）。这是个暖洋流，整个暖洋流从墨西哥湾经过北大西洋到北欧，它把暖的海水带到了北极和高纬度的地方，调节那儿的气候，英国和北欧等国都不至于太冷。当暖洋流到了北极或者是高纬度地方后，它就要下沉，就要往深海走，从深海再回去，一直回到南半球，从南半球以后再上升。上升到海表面，它在太阳的照射下又变成暖洋流，变成暖洋流以后，它沿着原路再走回去，周而复始的这样运转，我们叫这个海洋环流为海洋的温盐环流，因为它主要是依据海洋中的温度与盐度来驱动的。

如果要变成冰河期，这个海洋输送热量的环流要有减弱和最终关闭才行，这样它输送的热量越来越少，北方得到的暖水就越来越少，北欧等地气候就会变冷。如果它转得越来越慢，早晚有一天最后停下了，不转了，那么这个暖洋流就到不了北方，即北方得不到海水的热量的供应，结果气温就会不断下降，最后进入冷期。冷期时候的温度，要比现在低 10 度左右。现在科学家们认为，海洋的这个环流，并没有任何关闭的迹象，还在那儿转得很好，只是有一定程度的减弱。所以认为最近 30 年要进入冰河期的说法，从科学的角度来看是站不住脚的。

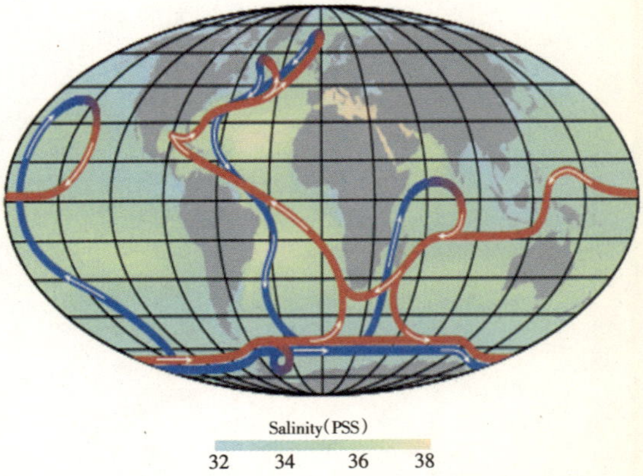

冰河期和微冰河期未来是否会出现主要决定于海洋的温盐环流变化。现在没有明显的证据表明在未来 100 年温盐环流会关闭，出现冰河期（NASA，2005）

那么，地球会不会进入微冰河期呢？所谓微冰河期就是会不会冷 15~20 年，甚至更短的时间。有科学家也作了预测，预测的结果是我们现在的温度，2010 年以后到 2030 年这一段，还是继续上升，但是有波动，这个波动不能改变整体增温的趋势。无论火山爆发，还是厄尔尼诺与拉尼娜现象，都不能改变人类活动产生的增温。所以最后的结果，还是上升的趋势上叠加一些微弱的冷暖周期，至少到 2030 年的时候，它不会进入一个微冰河期。微冰河期只有一二十年，冰河期要上万年，这两种冰河期现在看来都不大可能出现。所以从科学的角度来讲，我们也不必太担心会进入一个很冷的世界，现在和将来主要考虑的还是一个暖的趋势。

从科学的角度来讲，我们也不必太担心会进入一个很冷的世界，现在和将来主要考虑的还是一个暖的趋势。

气候变暖是否会增强干旱/洪涝的发生频率和强度

第二个问题是在这样一种气候条件之下，干旱、洪水的频率和强度是否会增加，它们与气候变化有没有联系？气候变化影响最大的一个是干旱，一个是洪水，还有一个是台风。台风的影响现在全世界并没有定论，就是气候变暖以后，到底台风是更多了、更少了，还是更强了、更弱了，现在还在争议。但总体来讲台风的强度有增加，2005 年的卡特琳娜飓风就是影响美国天气的非常明显的例子。但是话说回来，很多科学家认为一个例子不足以反映气候变暖的影响，要从长期资料的统计结果来看。过去 30 年对全球每个台风都有记录。30 年之前的记录较差，但即使用 30 年的台风资料来和百年的温度上升趋势去求相关并说明它们的关系，也可能会不匹配，所以这个问题现在还是有争议。至于干旱和洪涝的变化，以中国为例，现在我们还不能完全下确定的结论，认为一定就是人类活动使得干旱和洪涝的频率不断地增加，更大的可能性是自然的因素在起作用。未来 100 年人类因素的作用是否会增大，人们十分关注。总之对这个问题还需要做更多的研究。

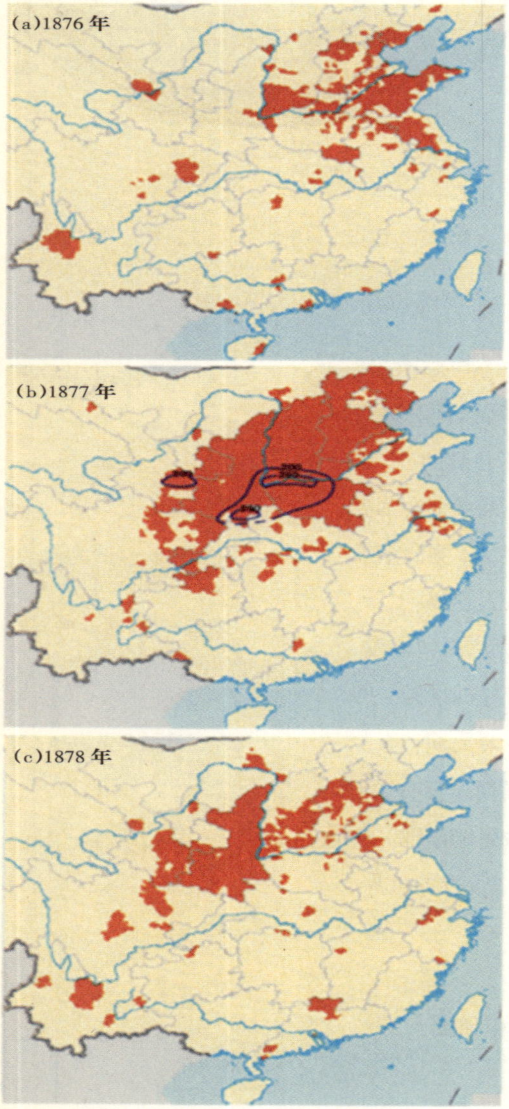

1876~1878 年逐年干旱区（红色区）的演变动态（b）中的蓝色等值线为连续无透雨日数（张德二，2010）

中国在历史上就是一个旱涝灾难频繁的国家，现在跟过去相比没有发现比较大的差异。即使有差异也只是它的格局变化，而这个格局的变化也不能完全说明就是人类活动的影响。这个问题一定要做很多研究才能得到比较肯定的结论。

首先来看看历史时期的干旱和洪涝。现在举出中国历史上的三次大旱，明末 1637 年的大旱，就是李自成推翻明朝的那个年代。左图所示的是第二次大旱，1876 年到1878 年三年大旱，这是在光绪当政的时候，即清光绪三年的大旱。第三个大旱是发生在1928 年到 1931 年，对民国时期中国绝大部分地区造成了灾难性的影响。

上述大旱说明，在历史上中国的旱灾就非常厉害。现代所产生的旱灾，大家记忆犹新，是1959年到1961年的三年大旱，这三年大旱与之前的三次大旱是不能比的。可以看到，1637~1643年明崇祯十年到十六年的时候，连年干旱，这是持续年份最长、受灾范围最大的旱灾。几乎大半个中国都陷于苦旱，累岁奇旱，村舍十室九空，以致赤地千里，饿殍枕藉，人相食。“人相食”是非常惨的，其中又以1641年旱情最为严重，波及范围最广。旱情最严重的时候，达到穷民食树皮尽，至食草根，甚至父子、夫妻相食，饿死累累，所以大家可以看到农民起义也就是在这个时候爆发的。当然现在也有争议，就是一个王朝的覆灭，是不是因为气候的原因？老百姓没有吃，饥饿，就要起义，气候至少是其中一个重要的原因，但不是唯一的原因。

在东汉末年，黄巾起义也有气候因素。那时极为寒冷，大旱盛行。虽然农民起义的原因并不都是如此，但至少气候是一个诱发因素。清光绪二到四年的时候，连续三年华北与黄河流域大旱，秋季无收，赤地千里，河南、山西、陕西、甘肃、山东和河北都受灾，有的地方四五季未收或二三季未收。其中河南最为严重，池塘沟港连年无水，稻禾全无籽粒，以致有的地方“人相食”。

大家自然会问一个问题，就是现在的灾害是不是比历史上更严重？气候变暖是不是更严重？根据张德二先生的研究，1876年的时候，山东、山西是发生严重旱灾的地方。然后1877年最严重的地方向西扩大，没有下雨的范围和旱灾明显扩大，波及几乎大半个华北。这是清光绪三年时的情形。清光绪四年的时候，往陕西扩展，同时可以看到饥饿、荒灾、疫病的发生。1877年大饥饿的

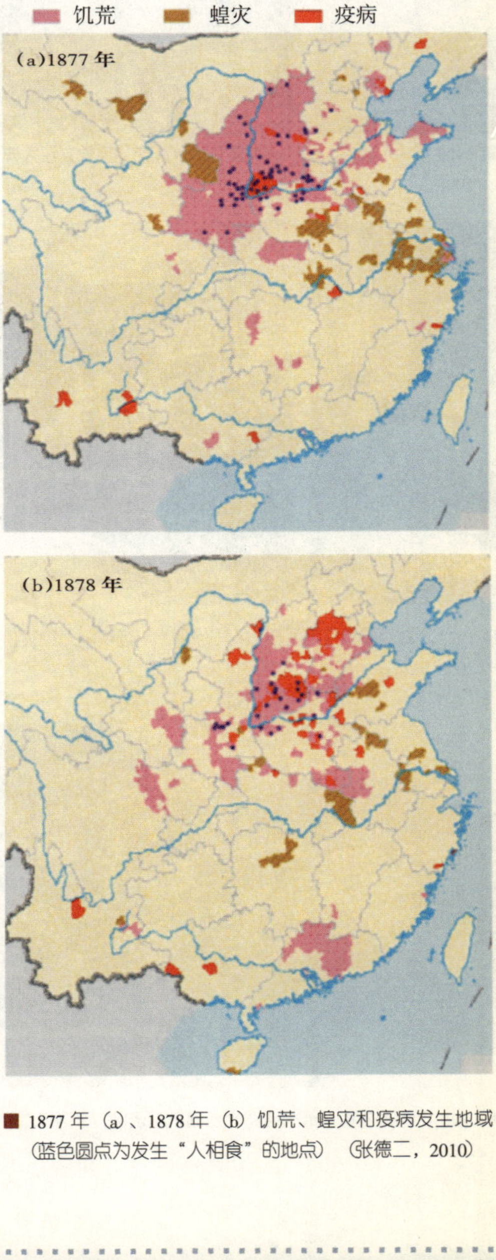

1877年（a）、1878年（b）饥荒、蝗灾和疫病发生地域（蓝色圆点为发生“人相食”的地点）（张德二，2010）

■ 1929年北方旱灾，饥民剥树皮充饥（选自《气象灾害大典》，2008）

■ 1929年香港旱灾，市民在街头轮流取水（选自《气象灾害大典》，2008）

■ 1917年天津大水，难民沿津浦线逃荒（选自《气象灾害大典》，2008）

地方，也是荒灾和瘟疫的地方，出现在河套、甘陕地方，人相食的地方。再看看1928~1932年大旱灾，那时我们有了照片，有了摄像的记录。民国十七到二十年的时候，特大旱灾遍及全国，达23个省市，535个县受灾，灾民达3339万，饥饿瘟疫使200万人以上死亡。其中以黄河中上游的内蒙古，以及长江中下游湖南、湖北等地区最严重。

从历史记录和留下的照片看，1929年是最严重的一年，1928年是干旱开始的一年（左图），1930年也是非常严重的，1931年慢慢就减退了。当时的照片显示老百姓剥树皮吃。这个旱灾是全国性的，1929年的时候，香港闹水荒，市民在街头轮流取水，这是很少见的。历史上的旱灾就是这个情况。与过去相比，我们今天面临的旱灾没有以前那么严重。

再看看水灾，有记录比较好的一次，即1917年的北京暴雨/洪水，在7月15日至20日，连日倾盆大雨，宛平、大兴、平谷和通州大水，大水冲淹田禾，岁大饥。就是那一年造成了极为严重的饥荒。同年7月中旬天津淫雨绵绵，上游各河水势汹涌，群水合并奔往天津，至9月，街道水深达到1.78米，全市10万余人无家可归。后又海潮顶托，骇浪荡天际舟行似泛湖，非常严重。在这种情况下，大量的饥民沿着津浦铁路往南逃。

研究表明，干旱近二三十年越来越严重，这就是有的科学家认为气候变暖之后，干旱的面积不断地扩大，已经超过正常水平了，也就是干旱化呈上升趋势。从全球的角度来看，干旱是我们面临的最大的一个灾害风险。但是有的科学家不完全同意，说这是一个统计关系。为什么气候变暖干旱就一定增加。当然可以说蒸发增加，水循环增加，但是你要说出它中间的内在联系是什么，这个问题还需要进一步研究。

最近 50 年，与全球性的干旱相关联，干旱区从北非一直往东传，传到中国的华北。美国也是干旱加剧。南美好一些，然后澳大利亚东部地区也干旱，所以最近50 年干旱是非常明显的。众所周知，干旱的主要原因就是降水减少。非洲从 20 世纪 60 年代降水就在减少，我国华北从 70 年代后期降水也明显减少，西部有所增加，但因为西部本来降水量就不多，再增加也是增加一二十毫米，并没有从根本上改善这个地区水资源的可能性。我国东部北方降水减少，南方增加，这就叫做“南涝北旱”。我们面临这种情形已 30 年了，还有多少年仍会维持这种南涝北旱的格局呢？中国科学家做了预测，有人认为还要维持 20 年，还有人认为还要维持 30 年，即要到 2040 年才能改变，但这些预测还有很大的不确定性。

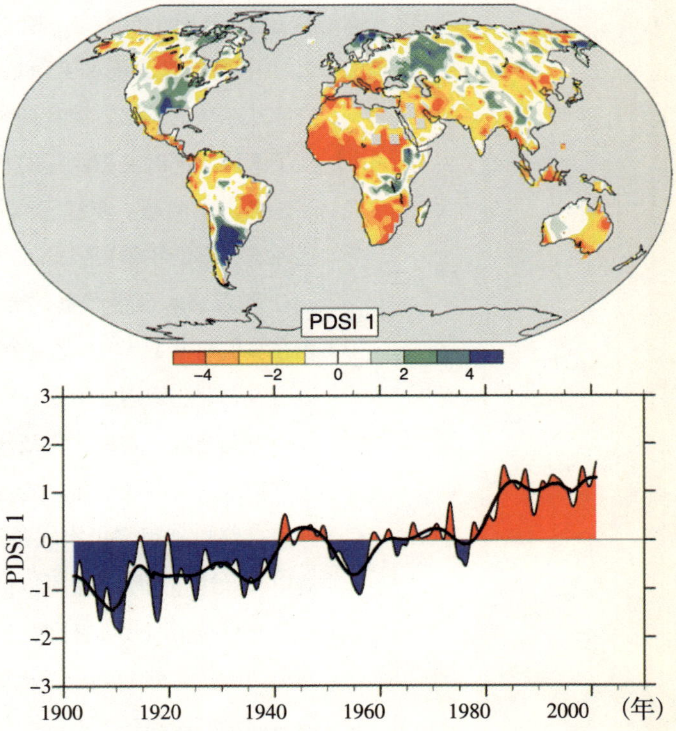

■ 干旱化呈上升趋势，近 30 年干旱明显加剧（IPCC，AR4，2007）

气候变化的适应和气候工程

第三个问题，我们如何适应气候变化，加强防灾减灾，最大程度地减少损失，保持社会的稳定。气候变化所造成的灾害是不可抗拒的，必须适应，必须采取手段防灾减灾。像2008年的冰雪冻雨灾害也是不可抗拒的，只能去适应它，预报了然后就规避灾害，或者减缓灾害，这就是适应和防灾减灾的重要性。

我们怎么样来适应气候变化呢？例如缺水，我们可进行所谓的跨流域的调水，也就是南水北调工程，这可被看做是适应气候变化的工程之一。为什么我们国家要实行南水北调的工程？这就是把长江的水，引到黄河，然后黄河的水有一部分再引到华北大城市。因为我们没有办法改变“南涝北旱”这个局面，只有采取重大的工程去改变它，减缓它。这就是适应，也可以称作地球工程。

中国跨流域调水工程是非常重要的一步。我们今天已经接近完成从东线的调水，即从扬州，然后利用大运河的部分河段把水调到了天津。同时又把滦河的水也调到了天津，从而解决天津的吃水问题和供水问题。东线工程每年可以从滦河和长江调大概至少60亿吨水，好的年景可以调80亿吨水。

北京缺水也很严重，密云水库最大的蓄水量是40亿立方米，现在我们每年只蓄10亿立方米水。目前正在修中线，从湖北丹江口沿着湖北、河南、河北，一直到北京。出于保护水质的考虑，有些地方是在地下走的，中线修完以后我们北京每年可以得到100亿立方米水。大概两三年之内可以满足和保证首都的用水安全。另一方面首都也把很多用水大户迁走了，北京主要作为一个文化和政治中心，这些用水还是可以保证的。

中、东两个线估计两三年之内可以完工。同时还从黄河调水到山西太原，然后到山西大同，这是“小调水”。另外还在山东从黄河调水，这都是“小调水”工程。现在我们正在考虑西线的调水工程。西线就是从长江的上游调水到黄河的上游。现在所有的勘察、计划工作都做得差不多了，目前主要的问题是，解决一些省份将来分配水的问题。长江流经云贵川，调走以后不知道还留下多少水。如果把水调了很多的话，云贵川就会缺水，云贵川会有意见，怎么去平衡是个大的问题，一旦这个问题解决了，中国将会有三个跨流域的调水工程，这是一件了不起的大事情。

但是，南水北调工程也有相当的风险，如北方干旱，或者长江连年少水怎么办？现在长江多水，每年流量是5万立方米。将来有没有可能北方连旱，长江也连旱，会造成无水可调的局面，或者即使调水也解决不了问题？这是极端的情况，这些风险科学家们都要想到。

南水北调工程也有相当的风险，如北方干旱，或者长江连年少水怎么办？现在长江多水，每年流量是5万立方米。将来有没有可能北方连旱，长江也连旱，会造成无水可调的局面，或者即使调水也解决不了问题？这是极端的情况，这些风险科学家们都要想到。

目前国际上正在讨论的另外一些气候工程，涉及人类应对气候变化的各种可能的途径。第一种办法就是发展清除二氧化碳的技术。大气中排放了很多二氧化碳，我们可以把二氧化碳捕获，收集起来，然后液化，埋在地层底下，比如埋在废的矿井，油井底下，让它不要在大气里面产生温室效应。这样一埋藏可以埋藏几百年，甚至上千年，通过这种气候工程二氧化碳就减少了。

第二种地球工程是可以在大气里面释放很多气溶胶，所谓气溶胶就是大气污染物或颗粒物，它能够反射太阳光，结果地球接收

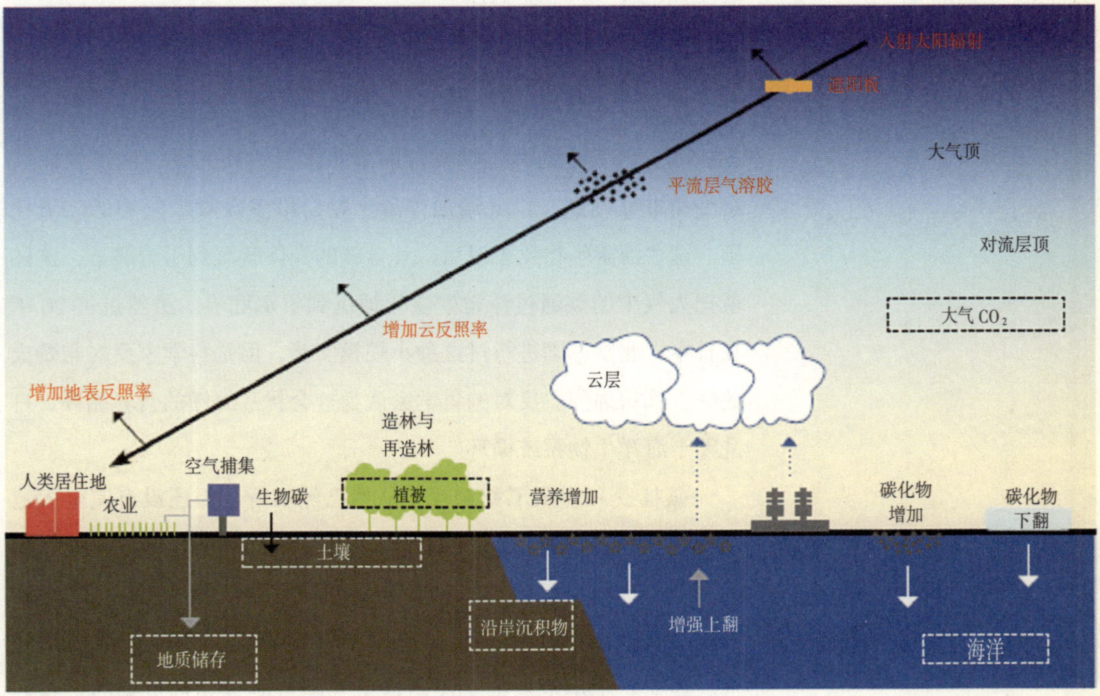

■ 气候地球工程方案示意图。黑箭头指示短波辐射，白箭头代表增强碳流动，灰色向下的箭头代表工程造成的碳流动，灰白色停止的箭头指示工程造成的水流动，点垂直箭头是云凝结核的源区，虚线矩形区代表碳储存（Lenton and Vanghau，2009）

到的太阳辐射就少了；太阳辐射收到的少了，可以抵消一部分气候变暖，地球就变冷了。现在，这两种技术都在不同的国家进行试验。

可以在不同的高度去洒这种颗粒物，如硫化物。这些硫化物洒到大气中后可以增加光反射，减少太阳光，地球就可以变冷。在不同的高度洒，效果不同，最有效的高度就是平流层，平流层由于没有降水，气溶胶不会冲刷下来，存在时间就很长。现在美国已经进行了多次的实验，把 100 万吨以上的硫化物，用飞机、火箭或者气球洒到平流层，产生了一定的效果。

然而，洒了这么多硫化物，一旦降落到大气里，然后再经过雨水冲刷，就成了酸雨。酸雨对植物有害，所以有人对这种做法有质疑，它就算能减少温室效应，但又会对植物生态系统还有饮水造成危害。全世界经过 20 世纪 60~70 年代的努力，酸雨已经治理得很好，现在又洒这些硫化物，会造成更多的酸雨，可能会变成另外一种灾害。

另外，有人建议在海洋的洋面洒含铁的元素，增加浮游生物的营养。因为小的微生物或者细菌非常喜欢铁元素，洒了铁以后会变得非常活跃，由此增加浮游生物，可多吸收大气中的二氧化碳。这些浮游生物死了以后，其含碳的壳体就沉到了海底下，这样就把大气中的碳通过浮游生物死掉沉到了水底下。虽然过去 20 年在日本、北欧等国进行过这种小规模实验，但是科学家反对与赞成的呼声都很强烈。反对的科学家认为这会扰乱海洋的营养循环，打乱整个海洋生物系统循环。

碳捕获和埋藏工程在西方虽然已经实行，但还没有完全大范围商业化，预计在 2010~2015 年可以实现商业化。现在德国、澳大利亚、瑞典已经实施了这个计划，日本准备把 1/6 的二氧化碳用这个办法捕获。现在我国刚刚和欧美确定，要引进他们的技术，建立一个示范性的工厂。这个问题可能是非常重要的，我们现在已经成立了专门的研究组，研究我国的示范点，并且要逐步地推广。

不管怎样，只有到了地球系统出现了不可逆的突变，或者达到了翻转点的时候，人类才不得不采用上述地球工程来拯救地球的气候。这是万不得已的做法，因为它的花费太大了，并且还有副作用。有专家称，除非人们在温室气体减排上获得成功，否则我们将来面临的气候危机还会更加严峻。而那时地球工程将是我们手中阻止地球温度上升的唯一途径。

答问

问题：世界很多国家都在南极北极建立了科学考察站，中国也建立了中山站和长城站，在南极和北极建站有什么特殊的价值和意义？曾经有人设想把喜马拉雅山打个缺口，让云贵川的暖空气和冷空气形成对流，以减少西部地区的干旱，改变西部地区的气候状态，您认为这个做法是否有可行性？

回答：这两个问题提的很好，第一个问题主要涉及两极科考。现在北极海冰是不是加速地减少，这需要我们很好地观测。如果北极的海冰在21世纪末都化掉了，那么对我们地球上的气候就会产生很大的影响。考察气候变暖对北极海冰及相应的影响，包括对生态系统的影响，是一个非常关键问题。

气候变暖之后，南极西南部的冰架在崩溃，但南极的中心地区几乎没有变冷，并且冰层还在增厚。什么原因造成冰层加厚，也需要考察和了解。第二个方面需要了解南极的臭氧层；另外还需要获得南极深厚的冰层，需要打冰芯，由此可以推断过去几十万年，甚至上百万年的气候。

关于第二个问题，我觉得因为气流每年输送水汽是不定的，今年可能在这个地方，下一年可能在那个地方。你这儿打一个洞，可能今年的水汽主要输送地却不在这儿，往东往西偏了，要打多大的洞才能解决问题啊？这个问题可能是一个非常雄心勃勃的想法，但是在工程上很难实现，在这么大范围的喜马拉雅山打洞是很困难的。

问题：我之前参加过一场论坛，说绿色经济是应对全球气候的未来之路，我想问一下绿色经济指的是什么？跟低碳经济比的话，它的优势是什么呢？

回答：对这个概念还有不同的看法。我个人的体会，绿色经济更为广泛，低碳经济主要是减碳，能够减少二氧化碳的排放。这些技术和经济模式都应该属于低碳技术。但是，绿色经济除此之外还包括另外两部分：一个是生态环境，生态环境就是我们可以改善环境，如种树种草、退耕还林等。这些方面很难放在低碳经济中，它应该是绿色经济。第二个是循环经济，循环经济我们叫做“3S”与“3R”，就是末端的那些废料，回过头来可以对另外一个工厂有用，这本身是一个资源利用最大化，很难归为低碳经济。所以它也不能包含在低碳经济里。

所以说，低碳经济是绿色经济的核心部分，但不是全部，因为它不能涵盖生态系统和循环经济。如果都在一起这就叫绿色经济，我觉得提绿色经济对我们国家更合适一些。

李泽椿　**极端天气谁惹的祸**

——我国极端天气灾害及科学应对

导读

地球大气是人类赖以生存的主要空间，它给人类提供了合适的温度环境、丰沛的降水资源，农业、林业、畜牧业才得以发展，人才有足够的食物；它同时给人类一个舒适居住的环境。但是，地球大气也有严寒、干旱、暴雨、沙尘的现象发生，产生了严酷的自然条件，给人类带来许多困难。人们必须与之奋斗，求生存。因此，我们必须研究它，利用它的规律，趋利避害、化凶为吉。

最近两三年，我国出现了许多异常的天气气候事件。2008 年初南方的冰冻雨雪天气、2010 年甘肃舟曲由于暴雨产生的特大泥石流等极端灾害事件，打乱了正常的社会运行秩序，给老百姓带来很大的不便，甚至带来了众多人员伤亡和财产损失，由此我们更应该关注自然灾害中气象灾害的产生和极端天气事件的出现。

极端天气事件以及灾害的出现，从根本上说来自于“大气环流的异常”。大气环流是什么？什么是它的正常与异常？产生异常的因素是哪些？本文以通俗的语言作了深入浅出的介绍。

大气环流的演变是否能预报？如何预报以及目前我们国家处于什么水平，也是大家关心的问题；预报出来我们又应如何应对，对策是什么，本文也提出了一些看法，以供读者了解。

李泽椿简介

天气动力和数值预报专家。1935 年 6 月出生于江苏省南京市；1965 年北京大学研究生毕业，正研究员级高级工程师。曾任国家气象中心主任、北京气象学会理事长；1995 年当选为中国工程院院士。现任国务院应急办专家组成员、国家环保部两委委员、国家民政部减灾委专家组成员、南京信息工程大学及中国气象科学研究院博导。

长期从事天气预报和数值天气预报业务系统工程建设和科研工作。1978 年开始与北大、中科院大气所合作，研究建立了我国短期数值预报业务系统。“七五”期间研制并建立了我国第一个中期数值天气预报业务系统。“八五”期间研制了我国的台风与暴雨数值预报系统。“九五”期间主持了“并行计算在数值天气预报（NWP）中应用”科研项目。其主持项目共获得国家科技进步一等奖一次、二等奖三次；2001 年获何梁何利奖，2004 年获中国气象局科学技术贡献奖。

极端天气谁惹的祸？

——我国极端天气灾害及科学应对

气象灾害给人类生存与物质生产造成极大的制约

我们先从 2010 年“甘肃舟曲特大山洪泥石流灾害”说起，2010 年 8 月 7 日 22 时，汶川地震重灾区舟曲县城东北部山区突降特大暴雨，持续 40 多分钟，最大降雨量达 96.3 毫米，其中 7 日 23 时至 24 时 1 小时雨量达 77.3 毫米。强降雨引发县城北面三眼峪沟、罗家峪沟两条沟系发生特大山洪泥石流，泥沙冲击物堵塞白龙江。2/3 的县城被淹，近半数房屋建筑受损，淤泥和石块堆满街道，电力、交通、通讯中断。灾害造成巨大人员伤亡和财产损失，1456 人死亡，309 人失踪，2 万余人受灾，灾害强度达 400 年一遇。

发生如此严重的自然灾害，原因何在？首先，2008 年 5 月 12 日发生的汶川地震是最大的祸根，地震波及舟曲，导致山体松动、岩石破碎，再加上舟曲大旱和森林植被的破坏，雨水难于含蓄，山体松散，没有黏性。但“突发的短时强降雨”是最大诱因，7 日晚间突发的极端性降雨过程，直接导致泥石流的发生。所以，生态系统灾害往往与极端天气和气候事件紧密联系在一起。

应急突发公共事件一般分为自然灾害类、事故灾难类、公共卫生类、社会安全类和综合管理类五大类。其中后四类的发生与否人能有所控制，而自然灾害类的发生则不以人的意志为转移。"自然灾害"一般又分为气象灾害类、地质地震灾害类、海洋灾害类、冰冻圈灾害类、生物森林灾害类等几大类。

■ 舟曲县城房屋受损严重，已无法居住

在联合国公布的1947~1980年全球10种主要自然灾害中有5种是"气象灾害"，而其余部分多数与气象关系密切。气象灾害是指台风、暴雨(雪)、寒潮、大风、沙尘暴、低温、高温、干旱、雷电、冰雹、龙卷风、霜冻、大雾、结冰、干热风、连阴雨等所造成的灾害，以及因气象因素作用而引起的洪涝、凌汛、山体滑坡、泥石流、寒露风、风暴潮、电线积冰、道路结冰、森林（草原、城市）火灾、作物病虫害、酸雨、空气污染等灾害。

我国地域广大，地势复杂，极端天气、气候事件比较频繁，是世界气候脆弱区之一。我国也是世界上受气象灾害影响最严重的国家之一，气象灾害占自然灾害比例的70%，对我国造成的直接经济损失已占GDP的1%~3%。

可能有人会问：为什么在自然灾害中以气象灾害为重呢？因为气象灾害具有频发性，在时段上一年四季都有各种不同的天气事件，在空间上全国各地都有。更重要的是，气象灾害产生的损失累积量大。

2010年我国极端天气灾害发生频繁

2010年初到现在，我国就频繁遭遇极端天气事件的严重影响，造成巨大人员伤亡和财产损失。当前，频繁的极端灾害事件大部分都是由极端天气事件引起的延伸灾害。

我们都记忆犹新：2010年年初西南地区持续9个月的"特大

秋冬春连旱”，云南干旱级别为100年一遇，贵州干旱级别为80年一遇，就是因为高温少雨。还有今年5~6月期间南方持续的强降雨过程，“5.7”广州大暴雨、“6.21”江西抚州唱凯堤决堤事件，都是极端的强降雨引发的灾害。此外，2010年6~8月，我国多个地方出现了持续的高温闷热天气，呈现出南北齐高温、极端性强、北方闷热感明显等诸多特点。

2010年北京的极端天气灾害也比较多：

冬季（2009~2010年）强降雪事件：2009年11月1日，北京迎来2009年下半年“初雪”，比常年同期（11月29日）偏早28天，为历史同期出现降雪第三早；2009年11月9日降雪，城区最大出现在海淀，降水量为20.4毫米，积雪厚度为16厘米，为历史同期最大值；2010年1月2~3日元旦，降水量为11.4毫米，较常年同期（1月上旬0.9毫米）明显偏多，为1961年以来1月上旬最多。上述三场降雪均通过降雪的95%阈值（8.7毫米），达到极端降雪事件的标准。

春季（2009~2010年）极端低温事件：2009年11月~2010年5月31日，北京平原地区平均气温为0.6℃，比常年同期（2.3℃）偏低1.7℃，为1971年以来同期最低值；南郊观象台月极端最低气温为-16.7℃，出现在1月6日，为2001年以来最低值。还有，2010年4月4日北京正式进入气象意义上的春天，为最近10年最晚入春。在气象意义上，连续5天日平均气温达到10℃以上，5天中的首日被定义为气象意义的“入春日”。而5月19日北京正式入夏，比常年平均入夏时间偏早10天，晚入春、早入夏，就诞生出北京2010年的“短命春天”。

2010年7月6日上午8点半，北京一公交车因高温引发自燃

夏季（2010年）高温闷热事件：7月北京南郊观象台闷热天气日数为12天，与2000年7月持平，为1951年以来历史同期最高值。7月下旬（7月21~31日），连续10天达到闷热指标，连续日数之长也居1951年以来第一位。7月5日，南

郊观象台最高气温达到40.6℃，突破1951年以来7月上旬最高气温极值。7月6日上午，北京市高温预警升级为今夏首个橙色信号，仅次于最高级红色。我们看到右图这个鸡蛋放到地上都熟了！

2010年7月6日下午，有媒体记者在窨井盖上实验，3分钟内生鸡蛋达六七成熟，电子温度计显示，当时地面温度为68.3℃

近几年，我国极端气候事件发生频率和强度变化明显表现在：夏季高温热浪天气增多；区域干旱加剧；强降水增多。

极端高影响天气产生灾害的连锁反应对国民经济的发展产生了重大影响。2010年1~8月，全国气象及衍生灾害共造成约3.8亿人受灾，因灾死亡3000人，直接经济损失3000多亿元，其中农业经济损失约146.7亿元。经统计，气象灾害种类中，“暴雨洪涝灾害”的经济损失占第一位，而“地质灾害”的死亡人数占第一位。

什么叫极端天气事件

现在我们就谈谈“极端天气到底是谁惹的祸？”首先，介绍一下什么叫“极端天气事件”。中国气象局是这样定义的：极端天气气候事件是指在一定时期内，某一区域或地点发生的出现频率较低的或有相当强度的对人类社会有重要影响的天气气候事件。

我们再来了解几个概念：“极端高、低温和降水事件”定义为气温或降水量超过历史极值或超过某个百分位阈值的小概率事件。“历史极值”是指历史上该类事件的极大或极小值；要求历史资料至少有30年以上。北京市气候中心对此也有一个说法：如果这种事件在历史上出现，概率在10%之内的叫极端。

极端天气气候事件是指在一定时期内，某一区域或地点发生的出现频率较低的或有相当强度的对人类社会有重要影响的天气气候事件。

那么，造成2010年如此频繁的极端天气事件原因何在？这还要从根上说起，我只能简单地给大家一个非常明确的回答：就是“大气环流的异常”。大气环流总有一个正常状态，如果出现异常，在局部地区就会产生极端天气。

2008年南方的冰冻雨雪灾害之所以如此严重，其重要原因就是大气环流的异常变化。在乌拉尔山这个地方（它是欧亚两洲的分界线）通常有一个高压脊，在它的右边会有一个低压槽，冷空气走高压脊的右边，从西伯利亚带到我国。2008年冬天，这种环流形势稳定不变，这样就会有一次一次的冷空气从西伯利亚带下来；而且，那个低压槽比较深，强劲的冷空气一下子就到达了我国南方；盘踞不动的低压槽使得4次强的冷空气连续下到南方，持续了10~20天，导致南方接连不断的冰冻雨雪天气。

大气环流为什么异常

大气环流为什么会异常？什么情况叫正常呢？首先认识一下“大气层的垂直结构”。自地表起随着海拔升高，大气层通常分为5层：对流层、平流层、中间层、热温层和外逸层。随海拔升高，空气变得越来越稀薄，大气压也逐渐降低，进入外太空后，气压接近于零。

“大气环流”是地气系统进行热量、水分等交换和能量转换的重要机制，也是这些物理量输送、平衡和转换的重要结果。

我们现在主要关注的，就是“对流层大气”，平均12千米以下的这部分大气层。在赤道地方可以到18~19千米，在极地只有8~10千米。大气中成云致雨等主要的天气现象都发生在只有平均12千米左右的“对流层”。所谓对流就是气体能上下流动。因为地面受热，空气就上升，但是到了一定程度，升不上去就会下沉。所以，一般我们把围绕地球的大气在全球范围展开的环流运动统称为“大气环流”。“大气环流”是地气系统进行热量、水分等交换和能量转换的重要机制，也是这些物理量输送、平衡和转换的重要结果。

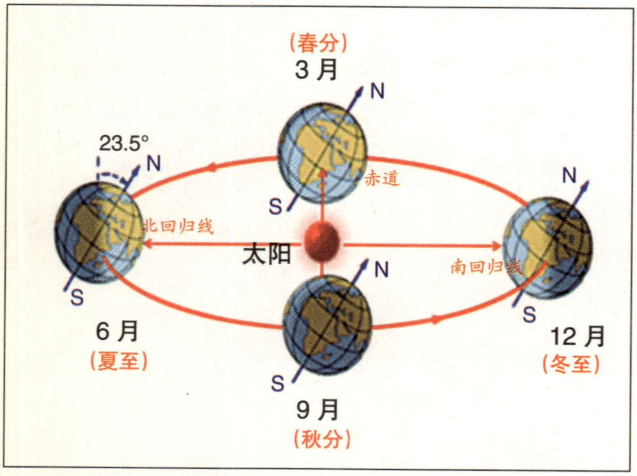

■ 地球公转季节变化示意图

大气环流起什么作用呢？我们地轴是倾斜的，地轴绕着太阳转的时候，都是朝着同一个方向倾斜，所以它在不

同的位置，太阳直射的区域也发生变化。一会儿太阳照射到北半球，北纬 23.5 度以南的位置；一会儿到赤道，一会儿又到南半球，南纬度 23.5 度以北的位置。所以在两个 23.5 度之间，太阳是直射，地球收入热量，以维持地球万物的生存。大气运动的根本能源也是太阳辐射能，地球的自转和公转不仅带来了四季，还使得地球高低纬度间产生温度的差异，而太阳辐射能在地球上的非均匀分布，正是大气环流的原动力。

如此一来，赤道地带即南北纬23.5 度以内的区域受热最多，空气就上升，上升过后，在高空积累压力大了，它就要往南北两极走。大概走到南北纬 30 度的时候，它就要下沉，下沉过后一部分回到赤道，一部分又往北走；而极地由于热量的亏损，不断降温，气体堆积变成高压，它的冷空气就不断南下，这样就形成了“大气环流”。

大气在南北之间的热量交换，导致了水汽的交换，也导致了动量的交换。大气是不平衡的，就像水坝一样，你拦住水不放水，那它就不断变化。大气环流靠大气的涡旋交换。台风就是大气涡旋之一，它带有大量热带的热量和水汽，由于运动就有了动量，就要向北走，否则南北就不平衡了。因此台风既带来灾害，也使大气运动得到平衡。

大气环流运动是在假设地球表面均一的情况下发生的。但请注意，地球表面并不是均匀的，正是因为全球的大地形、海陆分布和陆面植被分布的差异，造成了“大气环流格局的不均匀”。

大气环流运动是在假设地球表面均一的情况下发生的。但请注意，地球表面并不是均匀的，正是因为全球的大地形、海陆分布和陆面植被分布的差异，造成了“大气环流格局的不均匀”。

比如说海陆分布，海洋的热量积累跟陆地热量是不一样的。而陆面植被也不均，南方有很多植被，它接受热量就缓和了；北边，黄土高原一晒就热。还有一个重要因素是“大地形”，如“青藏高原”，只有我们国家有。大家想想看，有的气流如果从西边来，它爬不过青藏高原，只能从高原两边绕着走，这就叫“绕流”。一般气流是很难爬过青藏高原的，因此这种环流格局就决定了在北纬 30 度左右，有下沉气流又干又热，所以这个地带都比较旱比较热，也就出现了沙漠，如我国甘肃、内蒙古、宁夏一带地区。有沙漠就容易产生沙尘暴，青藏高原的隆起导致的大气环流的格局是相对固定的，这个地方必定是下沉干热的地带。因此，沙尘暴不可能根治，“只可防不可治”。不过，局地的沙尘暴还是可以治理的。

特定的大气环流格局产生极端的天气事件

我们先来认识一个天气系统，叫“西太平洋副热带高压”，简称“副高”。这个系统与我国的天气变化息息相关。首先介绍一下“副热带高压带”：当空气由赤道上空向极地流动时，它将受到地转偏向力的作用，逐渐向右偏（在南半球向左偏）。随着地理纬度的增高及风速的加大，偏向力也逐渐加大。在南北纬30~35度时，气流与纬圈接近平行，使空气在这里堆积下沉，这时地面气压升高，形成高压，称为“副热带高压带”，其实，它是“哈得来环流”的下沉支。因此，南北半球都有副热带高压带。

由于海陆和地形差异，高压带的强度沿纬圈的分布并不均匀，在副热带海洋上存在着高压中心。影响我国的副热带高压，是北太平洋副高向西伸出的脊，即所谓的“西太平洋副热带高压（脊）”。副高内部盛行下沉气流，天气晴朗。所以，当“副高”长时间控制某一地区时，往往会造成该地区的高温、干旱。而副高北侧自海洋吹来的西南暖湿气流与自北而下的冷空气遭遇时，就会产生降雨天气。台风一般生成于副高的南侧，移动过程与“副高”相互影响。

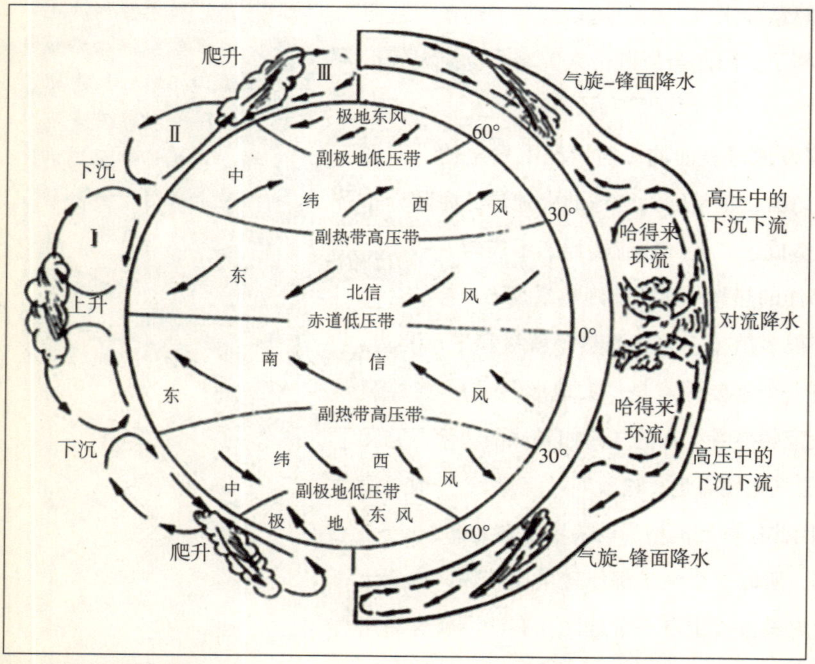

■ 全球大气环流示意图

2006年的重庆大旱，原因就是副热带高压脊异常西伸到内陆不退，被下沉干热气流控制，冷空气下来少，没有形成冷暖交汇，也就不会产生对流降水，因此出现高温少雨。

2010年西南地区罕见的干旱也是大气环流发生异常的表现。2009年秋冬季西太平洋副高脊异常西伸，长期控制云南地区，阻断了从孟加拉湾和南海到云南的水汽输送。再加上2009年冬季东亚中高纬度的冷空气活动路径偏北偏东，对地处低纬高原的云南地区影响不大，因此冷暖空气不能在西南地区上空“相遇”，造成云南、贵州等地降水偏少，干旱愈演愈烈。该下雨的时候不下雨，这就是大气环流的异常，它在特殊地区的异常，导致特殊地区出现极端天气。

该下雨的时候不下雨，这就是大气环流的异常，它在特殊地区的异常，导致特殊地区出现极端天气。

再来讲一讲“梅雨”天气。长江一带是每年6月初入梅，这时候副高脊线位于北纬20~25度左右（正在江淮之间），北方的冷空气与副高带来的暖湿气流交汇，形成梅雨天气。我国的雨带随着副高脊线的北抬而向北推进，依次产生华南前汛期降雨、江淮梅雨、华北东北降雨过程。如果当年副高脊线的北抬有所变化，梅雨就可能比较北一点，或比较南一点。所以，大气环流的异常与各种环境变化有大的关系，特定的大气环流格局会产生极端的天气事件。

“厄尔尼诺”和“拉尼娜”现象

有人会问：“厄尔尼诺”现象是不是对大气环流有影响？

厄尔尼诺（El Nino）：主要指太平洋东部和中部热带海洋的海水温度持续异常偏暖的现象，就是比它的平均温度要高几度。“厄尔尼诺”在西班牙语中意为“圣婴”，因为这种气候现象通常在圣诞节前后开始发生。

拉尼娜（La Nina）：指赤道太平洋东部和中部海面温度持续异常偏冷的现象（与现象厄尔尼诺正好相反），意为“圣女婴”。东部和中部的温度，持续偏冷，有几个月都冷，这就叫做拉尼娜。

海洋热容量比较大，它的热量吸收和释放，都会影响大气的运动。因此，海水温度的偏高偏低，肯定会导致大气环流运动的格局不一样，也肯定会对中国的天气气候产生影响。但是要说直接关系，比如拉尼娜年份是否就一定会在福建或者是山林地区产生极端暴雨等如此直接的物理机制呢？到目前为止，还正在研究当中。只能宏观地讲，拉尼娜现象可能会导致台风形成比较多，比较强，但不是绝对的。可见，大气的演变规律是极其复杂的。

大气中一个比较大的天气系统就是“台风”。它的尺度比较大，台风的直径有几百千米到上千千米。而“龙卷风”的直径只有一到两千米，尺度很小。这两种天气都是大气中的涡旋。

预测大气有其复杂性

大气中一个比较大的天气系统就是“台风”。它的尺度比较大，台风的直径有几百千米到上千千米。而“龙卷风”的直径只有一到两千米，尺度很小。这两种天气都是大气中的涡旋。在美国，龙卷风是比较厉害的，我国也有，但比较少。有一次我到美国的明尼阿波利斯听说过这样一件事：有一年这个城市想买一台雷达来监测龙卷风，但他们的议会不批准，结果那年有一个龙卷风横穿那座城市，造成很大损失。于是市议会马上批准购买了两台多普勒雷达。大西洋曾经有一个小气旋，很小很小，气象预报没有报好，结果横扫英国，导致 1/3 的树木连根拔起来，所以英国就把那一周定为该国的植树节。事后，撒切尔首相马上批准给气象厅买一部巨型计算机。有意思的是，由于这个计算机很贵，之前的购买要求曾一度被拒。所以，自然现象频繁出现，首先要让领导层认识到大气的复杂性，要了解气象并支持气象科研工作。

研究大气有三个途径：理论研究、实验室科学实验、数值模拟。大气科学研究是很难在实验室完成的，只有对云水转换的模拟可以在实验室里完成，但典型的实验是否能反映大自然界状况的变化仍然难于知道。

研究大气有三个途径：理论研究、实验室科学实验、数值模拟。大气科学研究是很难在实验室完成的，只有对云水转换的模拟可以在实验室里完成，但典型的实验是否能反映大自然界状况的变化仍然难于知道。大气科学规律的研究只有放在实际环境中来做，而且其范围很大，有着不可重复性。因此，要求投资多，要建很多气象站及其他一些探测大气状况的设施。大气科学在研究上有难度，尤其是对中小尺度的天气现象和 6 个小时左右的天气预报难度很大。

北京市气象局就注意研究北京市的短时临近预报。2008 年 8 月 8 日那天奥运会的天气预报，简直把气象人员弄的精疲力尽。比如奥组委领导要问，到底那一天晚上那一段是否下雨？下多大？开幕式到底是在露天进行还是在室内进行？那必须给他一个准确的答复。再比如火箭升空、航天飞机升空，指挥员就要问了：发射窗口有没有大风有没有雷暴？24 小时之内能不能放？最后当然是气象人员说了算。如果气象人员说大概概率多大，那是不行的。因为火箭装了燃料是不能退的。所以在那个时候就要斩钉截铁给予准确回答。但天气预报殊为不易，因为大气的演变是非线性的，不可能准确答复。

气象专家还要面对一个难题，那就是对天气影响的预报。2001 年 12 月 7 日北京一场小雪造成北京城市交通瘫痪，想必大家记忆犹新。我的孩子从国贸走回家走了 8 个小时。其实，那天降雪量不算大，中午 14 时开始雪花飞舞，至 17 时逐渐停止，晚间又出现零星飘雪。下了只有 1.8 毫米的降雪量，但为什么会造成如此严重的影响呢？就在于白天气温较高，雪下到地面就化成了水，但到了傍晚随着气温降到零下，地上的水也就结成了薄冰。北京立交桥多，车不敢开，新手不敢开，坡上不去，他一停后头都停，交通整个拥堵了，瘫痪掉了。所以这也给气象部门提出了新课题，你不仅要预报下的量多大，温度变化有多少，还要预报地面温度变化有多少，会产生什么样的影响。这也反映出天气预报的复杂性。

再讲讲局地预报的复杂性。“8.7”舟曲特大山洪泥石流灾害的直接诱因是强降雨，但天气的复杂性给当地的局地预报带来了更大的难度。首先是强天气系统空间尺度小、时间短。这次强对流天气过程中，分别出现了每小时 55.4 毫米（迭部代古寺）、77.3 毫米(舟曲东山镇）的短时降雨，其降雨强度之大，在我国西部地区非常罕见。目前在美国，把每小时超过 80 毫米短时降雨，称为超级强对流天气，十分罕见。

针对这样短时的强天气，可以利用雷达进行监测预警，雷达可以看见天气系统回波的变化，预测它发不发展。但由于舟曲地处山区，位于现有气象多普勒雷达监测网的边缘，因此临近的强降雨监测受到了很大局限，影响了短时的预警发布。当时在舟曲周围有3部雷达：一部在甘肃天水，一个在四川广元，还有一个在陕西汉中。其中两个雷达因为山的阻挡看不见，天水那部雷达监测到的回波处于雷达有效探测范围之外，不准确。如果有雷达能看到，它就会知道强对流在旺盛地发展，就可能及早地做出预测，尽量避免伤亡。

若干年来，气象部门都在致力于研究解决“10~30天的预报预测技术”和“6小时内的突发天气预报技术”。目前这两个时段的预报是整个预报体系中的空白。

若干年来，气象部门都在致力于研究解决“10~30天的预报预测技术”和“6小时内的突发天气预报技术”。目前这两个时段的预报是整个预报体系中的空白。

天气预报为何难于做到100%的准确

首先，大气系统是一个非线性系统。根据混沌理论，天气预报是不可能100%准确的；其次，地面气象观测台站有限且分布不均，比如中小尺度天气现象如雷暴、龙卷风、冰雹等经常成为“漏网之鱼”；再次，数值天气预报存在着不确定性。数值天气预报把大气的演变规律近似表示为一组数学方程，通过求解方程组，得到对未来的天气或气候状况的预报，计算误差也会随时间的推移而扩大；最后，全球气候变化增加了天气预报的难度。

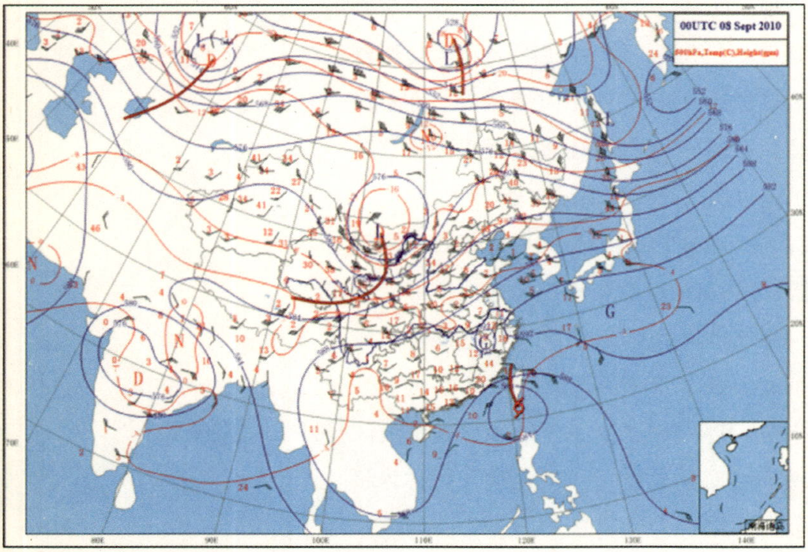

■ 2010年9月8日08时亚欧高空500hpa分析图

下面讲讲天气预报的发展。第一阶段：来

自朴素的农业生产要求，比如“气象谚语”。第二阶段：战争的需求、科学技术的发展、通信技术与观测大气物理状况设施的完善产生了天气图，天气图的出现推动了天气学的研究。第三阶段：天气学方法预报天气的缺陷，引发了数值天气预报的研究与探索。第四阶段：计算机的出现使数值天气预报变成了可行。第五阶段：当前气象灾害的防御和气候变化认识需求又推动了气象科学天气气候预报预测的发展。

现代天气预报是以数值天气预报为基础，综合运用天气与统计预报的方式。以前天气预报是画个天气图，根据冷暖空气的移动来做外推预报。而数值预报呢，就是根据大气中的物理规律组成一个大气方程组，然后来解这个方程组，来预报下一个时段大气怎么运动。但这个方程组是一个非典型的偏微分方程组，没有解析解，只能用数值解。用数值解就涉及分辨率大小、误差估计、计算格式、计算方式和计算工具的能力等等问题。因此，计算误差的大小往往决定天气预报的准确率。

提到计算工具，就要谈到计算机了。要求解大气方程组必须要用大的计算机，如果计算机不造出来，气象科研是没法发展的。首先是观测取得资料，然后把这个观测的结果数据输到超级计算机里，通过数值预报模式来计算。算出来的结果经过预报员的分析做出订正预报，这是我们气象预报的整个流程。

中国气象局于 2004 年引进了 IBM 生产的 Cluster1600 高性能计算机系统。气象系统用的计算机是民用计算机中最大的，实际上气象事业的发展也推动了计算机的发展。当年我在中央气象台工作，国家气象中心为了买一台超级计算机，需要经过江泽民主席跟美国前总统克林顿进行会谈。

中国气象局于 2004 年引进的 IBM Cluster1600 高性能计算机系统

我国气象预报水平有了很大提高

改革开放 30 年来，我国气象部门对灾害性天气的监测预报能力有了显著的提高。数值天气预报在北半球的可预报能力已达到 6.5 天；2008 年和 2009 年我国台风预报准确率已达到先进国家的预报水平；由于监测能力的提高和预报水平的提升，对大范围的致灾性高影响天气可以提前 3~5 天做出较准确的趋势预报，可以提前 1~3 天对气象灾害影响做出预警，为国家防灾减灾超前部署提供科学依据；中央气象台对 2010 年汛期南方发生的 14 次大范围暴雨过程均提前做出了准确预报，为政府防灾行动部署提供了决策参考，使灾害损失降至最低。

但是，进入 21 世纪后，极端气象灾害发生的频率、强度和区域分布变得更加复杂和难以把握。

如何科学应对极端天气灾害

科学应对极端天气灾害我觉得有三条：

第一条针对气象部门，要在“预”字上下工夫，进一步完善监测预警与服务系统。要是能提前 6 小时做出预报的话，舟曲很可能就来得及转移人员，就会挽救很多人的生命。2005 年有个台风叫“麦莎”，那时候就预报北京要下特大暴雨，当时的北京市市长王岐山动员了 20 万人来应对这个台风。后来台风没来，路径报错了，只在通县下了点，当时天津倒下了特大暴雨。王市长很能理解我们气象预报当中的难度与不确定性，没有指责我们，说相当于我们做一次演练吧。当然，一个星期以后，北京下了暴雨，看来演练还是有用的。

关键要在意识上下工夫，意识上要做好“监测-预报-警报-服务”这一串工作。预报还要传得出去，传不出去，它用不上也不行。有一次北京下暴雨，预警信息倒是通过手机渠道发出去了，但是很多人却没收到，它传不出去还是会出问题。

谈到监测，现在我国这方面的能力是不错的。目前国家有2400个气象站，有30000个自动站。可以说，现阶段我国已形成了一个立体的气象综合探测系统。天上是风云卫星监测，空中是探空、飞机探测，地面是地面观测站、海洋观测站、雷达观测等。但还须进一步加强“灾害监测-研究-预警-服务”系统的建设，尤其是需要加强“短时临近预报预警”系统的建设和完善。需要加强地面加密常规要素的观测以及了解其影响情况（如滑坡、泥石流、洪水等）；建立能够及时捕捉台风、暴雨、洪水、泥石流、滑坡、强对流、沙尘暴等极端天气事件和次生灾害的立体观测系统；建议加强山区、山地灾害的普查和自然灾害风险区划的编制工作等。

现阶段我国已形成了一个立体的气象综合探测系统。天上是风云卫星监测，空中是探空、飞机探测，地面是地面观测站、海洋观测站、雷达观测等。

第二条针对政府部门，就是要加强政府防灾减灾的组织行为，全面规划民生工程建设。

首先，政府应对气象部门的工作给予更多支持。气象部门有较完备的通讯系统和服务网络作保障，因此不同于其他自然灾害，只要国家对气象事业给予持续的关注和投入，气象部门是可以预报、防范气象灾害的，且其投入产出比效益高，效果好。

其次，要加强部门之间的基础资料共享，提高防灾减灾综合效益。现阶段部门、行业之间的资料封锁，不能全面开放共享，这在很大程度上影响了防灾减灾综合效益的发挥。打破部门、行业之间的资料封锁，既可以做到对灾害发生规律的研究和实时监测的准确判断，又可以形成部门之间的快速联动，更快速、科学、准确地进行灾害防御和灾害救助。另外，对地球环境的现有资料共享，可以使跨学科的研究成果更科学、更准确。建议国家统一规划，统一地球环境资料信息的获取方式，改变目前重复建设、浪费人力与资源的状况。

打破部门、行业之间的资料封锁，既可以做到对灾害发生规律的研究和实时监测的准确判断，又可以形成部门之间的快速联动，更快速、科学、准确地进行灾害防御和灾害救助。

最后，政府要做好基本建设。开展全国性的灾害普查工作，包括地质状况普查、建筑用地规划、气候状况评价，尤其是乡镇一级的建设用地规划。应当作一项大工程开展此项工作，把地方用于形象工程建设的钱优先用于民生安全工程建设。要开展公共避难场所的建设，或开辟现有资源作为灾害避难场所，并告知群众。开展各种主要自然灾害的避难演习，普及紧急情况下的自救、互救知识，建立紧急情况下的应急通讯联络机制，并建立一支当地应急抢险自愿者队伍。

第三条是加强科普宣传，群众自救。只要通过科普宣传让群众了解规律，是可以实现自救的。

后记

着力构建社会化科普工作新格局

——由“首都科学讲堂”成功运作引发的若干思考

周立军

（北京市科学技术协会副主席、

《首都科学讲堂·名家讲科普》书系编委会副主任、本书主编）

在《首都科学讲堂·名家讲科普》第6辑进入编辑出版流程之际，我高兴地获悉，这一系列图书获得了国内科普创作领域的最高荣誉奖——第一届“中国科普作家协会优秀科普作品奖”的提名奖，专家们评价它与其他获奖作品的共同点是，做到了思想性、科学性、实用性与通俗性的较完美结合。

与此同时，本系列图书所依托的科普讲座活动“首都科学讲堂”进入了第五个年头。回望前四年，“讲堂”每周一期，固定时间（每周日上午）、固定地点（北京王府井新华书店）面向广大公众开放，其公益性备受赞赏，其持续性引人瞩目，其影响力与日俱增。

四年来，“讲堂”组织的各类科普讲座活动超过200场，立足于王府井书店的主讲堂已经开展了180期活动，莅临现场的各类专家学者超过200位，其中包括中国科学院副院长和中国工程院副院长在内的两院院士共90人次。此外，“讲堂”还曾邀请过两位诺贝尔奖获得者、一位图灵奖获得者做客，与北京市民近距离地进行互动交流。

除了立足于主讲堂的现场科学传播活动，“讲堂”还积极配合报刊、电视和网络等媒体的科普宣传，提供了大量优质的科普讲座素材（如为学习型城市网、文化部的文化共享工程和新浪播客等机构提供的科学传播视频内容达上千集数），并结集出版了《名家讲科普》系列图书和光盘，极大地丰富了科普资源市场，扩展了科普的范围，赢得了公众的广泛赞誉。

“讲堂”的成功，是作为主办方的北京市科协与嘉星一族传媒集团等精诚合作的硕果，是推动科普工作社会化的有益尝试。它使我更真切地认识到，以企业为代表的社会力量在发展首都科普事业、提高全民科学素质方面大有可为；而如何引导和促进社会力量广泛参与科普工作，取得更好地传播效果并形成长效机制，也有一些值得关注和探讨的问题。

提高全民科学素质是一项重要的社会基础工程，推动科普工作社会化，在法律和政策层面已有明确的规定和要求，在实施《科学素质纲要》中也提出了具体的思路和措施。

2002年通过的《中华人民共和国科学技术普及法》，分总则、组织管理、社会责任、保障措施、法律责任、附则等共六章34条。其中，第六条规定：“国家支持社会力量兴办科普事业。社会力量兴办科普事业可以按照市场机制运行。”第十三条规定：“科普是全社会的共同任务，社会各界都应当组织参加各类科普活动。”从第十四条到第二十二条，全面、详细地阐释和规定了各类社会组织参与科普工作的责任、内容与方式。

胡锦涛总书记在纪念中国科协成立50周年大会上号召广大科协组织要以科普资源共建共享为突破口，不断增强科普服务能力和水平，推动形成社会化科普工作格局，加大科技知识在全社会的传播速度和覆盖广度。

国务院发布的《全民科学素质行动计划纲要（2006-2010-2020年）》提出，今后15年，实施全民科学素质行动计划的方针是“政府推动，全民参与，提升素质，促进和谐”。明确鼓励社会力量参与科普基础设施建设，要求落实有关鼓励科普事业发展的税收优惠政策，鼓励社会各界对公益性科普设施建设提供捐赠、资助，吸引境内外资本投资兴建和参与经营科普场馆，鼓励有条件的企业事业单位根据自身特点建立专业科普场馆。

《北京市全民科学素质行动“十二五”规划》着力构建首都社会化科普工作新格局，提出了一系列具体措施。首先在“发展目标”中确定要逐步建立公益性科普事业与经营性科普产业并举的公民科学素质建设工作布局。提出要完善法规政策，鼓励企业、社会组织和个人积极捐助或参与兴办公益性科普事业；制定优惠政策，设立示范、扶持、奖励项目，引导企业开发科普文化产品、兴办经营性科普产业。

《规划》具体提出，未成年人科学素质行动要形成学校（幼儿园）、家庭和社会相结合的综合教育体系，全面整合校外科学教育资源，建立校外科技活动场所与学校科学课程相衔接的有效机制。鼓励各类农科教机构、组织、企业和其他社会力量参与多元化的农技推广服务。创新社区科普工作模式，逐步实现科普资源主要由政府投入，向政府引导、社会投入等多种模式共存的格局。引导社会力量参与科学教育，建立科技界、企业界和教育界合作推进科学教育发展的有效机制。建立共享机制，有计划、逐步开放科研机构、高校、大型国有企业的实验室，鼓励和吸引更多的社会力量参与科普资源开发。鼓励企业建立产业科技馆等科普基地，引导公园、商店、书店、医院、影剧院、图书馆、体育场所等公共场所逐步增加科普宣传设施。加强与中央单位合作，集成在京中央单位的丰富科普资源，提高北京科普资源建设水平。发挥首都优势，为科学素质建设提供优质服务。

实践表明，社会力量参与科普活动、投入科普事业，丰富了科普资源供给，增强了科普工作活力，满足了公众多元化科普需求，有力助推了全民科学素质行动。

北京科技力量聚集，科普资源丰富。发挥首都优势，推动社会各界参与科普，服务全民科学素质建设，一直是北京市科普工作的着力点，通过搭建多种形式的共建共享平台，建立合作联盟、科普基地等工作机制，在科研成果转化为科普资源、科研设施对公众开放、企业和社会组织参与科普活动、专业科普志愿者队伍建设等方面取得了可喜成效，社会化科普工作格局初步形成。

据2009年度北京地区科普统计，全年北京地区科普经费中社会性投入占全年总投入的46.88%。2010年7月，北京市科协启动了《北京市社会力量参与科普工作的调研》，旨在通过深入调研，了解当前参与科普活动的社会力量的现状及其诉求，探索提高社会力量参与科普活动积极性的思路、方法和途径，为“十二五”规划进一步推动科普事业的发展提供科学数据、政策依据和决策参考。

在本次调研中，我们发现，无论是企业、科技场馆、科研院所还是学会、协会，都将科普工作的公益性视为开展活动的目标。这充分体现了社会力量在发展首都科普事业、提高全民科学素质方面勇于承担社会责任的决心与诚意。另一方面，在国家系列政策引导和科普经费的全力落实保障下，通过开展科普项目的社会征集等工作，已经出现了社会力量出资兴办科普项目并按市场机制运行的一些成功实例。比如，欧莱雅集团通过设立“中国青年女科学家奖”等项目支持科学事业，开展科学教育，履行企业社会责任。2010年仅7月份，就有4家社会力量进行设奖登记公告，通过奖励本领域、本行业做出突出成绩的组织和个人，支持北京市的科技发展。

调查显示，“十一五”期间，企业参与科普工作的热情日益高涨，规模迅速扩张，投入资金的额度逐年递增。企业参与科普方式呈多样化特点，包括举办科普讲座、科技创新论坛，出版科普读物、制作科普动漫作品，建设科普展厅、科普网站，研发科普设施和科普展教品等。其中，科普资源研发设计，特别在多媒体互动技术应用等方面已经初具市场化规模，大型活动承接、科普资源配置、科普设施研发与招标采购等已呈现市场化端倪。与此同时，跨国公司、大型企业的品牌推广与科学传播活动相结合，也逐步得到认可和接受，索尼探梦科普馆成立十年接待百万人次少年儿童参加科学实践活动，联想（北京）有限公司、燕京啤酒集团、神华国华电力、北京排水集团等大型企业的科普展厅迅速崛起，成为重要的科普力量。据不完全统计，北京市现有对外开放的各类企业科普展厅已有30家，而且每年还在不断增加。一批专业从事科普的中小企业应运而生，它们既有专业视野又拥有技术优势，既开发有特色的科普产品，又活跃在基层组织公众开展科普活动，已经成为城市科普不可或缺的重要力量。

科普工作已引起中央在京科研机构和首都高等学校的重视，优势科技资源服务公众特别是青少年科学教育已经有了良好开端。比如，中国科学院建立了奥运科普园，中国工程院支持院士参与企业院士专家工作站工作，清华、北大、北师大、中科院研究生院等著名高校的科学传播专业积极参与科普人员培训。两院所属科研机构和大学积极承担青少年后备科技人才培养任务，常年有 200 多名中学生到实验室接受专家培养。中科院京区和北京大学等 11 所大学成立了科协组织，有力推动了在京科教机构参与首都科普工作。一些科研院所还设立了专门的科普或者科学传播机构，并在其网站上开辟了科普版块。另外，内容越来越丰富的科普场馆和科普教育基地已经如雨后春笋般成长起来。例如顺义区的汉石桥湿地保护区，除了开展湿地绿色旅游外，还成为北京市湿地和自然科普知识的教育基地。目前北京市命名的科普基地达到 180 家。

一个不争的事实是：社会力量参与科普活动、投入科普事业，创新了科普的手段，丰富了科普的内涵，壮大了科普工作力量，增加了科普市场活力。

构建中国特色社会化科普工作新格局，应当深化对科学普及社会意义的认识，破解体制机制矛盾，正视科普事业与科普产业双重性特征，着力加强宏观规划导引、评价标准制定、市场平台建设。

科学普及是关乎全民族科学文化素质的重要的社会基础工程，而公民科学文化素质的高低，决定了社会进步的快慢，决定了国家竞争力的强弱，决定了人的内心和谐和全面发展。世界各国普遍重视面向公众的科学教育，美国早在 1989 年开始实施“2061”计划重点推动科学课程改革，英国则在 1986 年成立了公众理解科学委员会加强向公众进行科学传播，1999 年印度发表了《提高科学文化素质》报告，2002 年欧盟提出了“科学与社会：行动计划”。可见，提高民族科学素质已成为增强国家竞争力的重要方面。

新中国成立后，党和政府始终重视提高全体人民的科学文化素质。早在1978年，邓小平同志就提出了“科学技术是生产力”的论断，1988年邓小平进而指出“科学技术是第一生产力”。之后我国又把“科教兴国”确立为基本国策。2002年我国颁布了世界上第一部《科学技术普及法》，2006年国务院印发了《全民科学素质行动计划纲要》。应当说，在党和政府的高度重视和积极推动下，我国公民科学素质得到了迅速提升，据2010年中国科协调查显示，我国公民基本具备科学素质的比例达到3.27%，与2003年1.98%相比有了快速提升。这对于拥有世界最多人口的发展中国家而言是个了不起的成绩。但也要清醒看到，我国公民科学素质与西方发达国家相比差距还相当明显，公开的数据显示，2000年美国的比例为17%，1992年欧共体的比例为5%，1991年日本的比例为3%。因此，提高我国公民科学素质任重道远。

中国综合国力的迅速崛起为加速提升全民科学文化素质提供了条件。要实现提高全民科学素质的奋斗目标，在新的发展阶段，必须与时俱进深化思想认识，转变科普工作的观念、思路和方式，特别是要组织动员激励企业和专业社会组织成为科普的主要力量。当前，社会力量参与科普工作还存在诸多矛盾和问题，主要表现在：①缺乏组织规划指导和有效整合，形不成统一力量，既降低工作成效，又造成资源浪费；②领导者认识不足，多数有能力的企业和社会组织科普责任意识淡漠，远未形成全社会参与科普的生动局面；③缺乏激励机制和评价标准，挫伤了社会力量参与科普的积极性，不利于社会化科普工作稳定、深入、长效开展；④政策不落实，市场机制缺失，影响了科普资源研发与交换，阻碍了科普经费社会化投入。

推动科普社会化，建立中国特色社会化科普工作新格局，“十二五”期间应着力落实以下几方面工作：

一是深化认识，转变观念。提升素质增强能力是人全面发展的内在要求，提高全民科学素质是全面建设小康社会的重要社会基础。科学普及是科学素质建设的重要途径。科学普及既有社会事业性质，在科普资源供给上又体现市场特征。加强科普工作，增强科学传播的针对性和实效，充分满足公众对条件的需求，应由以政府推动为主向政府主导全民参与转变，由将科普当成纯粹社会事业向市场有效配置科普资源转变，由向普通群众简单传授科学知识向公众理解科学全民参与科普转变。

二是加强法制，强化责任。《科普法》明确规定了各方面的科普责任，如：各级人民政府领导科普工作，应将科普工作纳入国民经济和社会发展计划，为开展科普工作创造良好的环境和条件。科学技术协会是科普的主要社会力量，应组织开展群众性、社会性、经常性科普活动，支持有关社会组织和企业事业单位开展科普活动。科普是全社会的共同任务，社会各界都应组织参加各类科普活动。企业应当结合技术创新和职工技能培训开展科普活动，有条件的可以设立向公众开放的科普场和设施等。应当在全社会大力宣传《科普法》，并加强执法检查，对未依法履行科普责任的应予以纠正，对违法行为应予以处罚。

三是统筹规划，形成合力。社会的能量是无限的，要把巨大的社会能量整合到科普上来，必须加强引导、规划、梳理、统筹。首先是分类统筹。可将社会力量分为企业事业单位、科研教学机构、出版传媒机构、科普类场馆和基地、具有科普能力的专业人员和志愿者。其次是规划指导，要针对当前科普的中心任务和阶段目标，针对各类社会力量的资源优势提出相应任务和要求，并形成有机整体，如制定五年规划，年度计划等。第三，科协应履行组织整合社会力量的职责。科协是科普工作的主要社会力量，又是实施全民科学素质纲要的主要承担者，负有动员组织指导社会力量参与科普工作的责任。

四是市场配置，激励共建。随着公众参与科普日益深入和广泛，对科普资源的需求越来越多样化和高端化。满足公众需求需要科普资源市场化配置。如近年来，政府和企业加强科普场馆建设，有条件的社区和乡村也重视建设科普设施，这对展陈设计和展品研发提供了巨大市场，更多企业投入到这一行业中来。但目前尚缺乏行业标准和评价机制，易导致低水平重复建设，造成资源浪费。应当建立科普资源展示交易市场，为优质科普资源与市场需求对接提供平台。应落实相关优惠政策，鼓励企业、社会组织和个人投入科普场馆和设施建设。应加大力度，对在科普工作中作出突出贡献的企业、社会组织和个人进行表彰和奖励，形成社会力量积极参与科普工作的生动局面。